SAMMLUNG GÖSCHEN BAND 666/666a

# WASSERKRAFTANLAGEN

von

Prof. Dr.-Ing. Dr. techn. h. c.
ADOLF LUDIN
Ehrensenator der Technischen Universität Berlin

unter Mitarbeit von

DR.-ING. WILHELM BORKENSTEIN

## II

## ANORDNUNG UND AUSBILDUNG DER HAUPTBAUWERKE

Mit 91 Abbildungen

WALTER DE GRUYTER & CO.
vormals G. J. Göschen'sche Verlagshandlung · J. Guttentag, Verlagsbuchhandlung · Georg Reimer · Karl J. Trübner · Veit & Comp.
BERLIN 1958

*Inhalt des ersten Bandes:*



 — Archiv-Nr. 11 06 66. — Satz und Druck: Deutsche Zentraldruckerei AG., Berlin SW 61. — Printed in Germany.

# Inhaltsverzeichnis

## D. Anordnung und Ausbildung der Hauptbauwerke

# D. Anordnung und Ausbildung der Hauptbauwerke

Eine Wasserkraftanlage besteht in ihrer allgemeinsten Form aus der Triebwasserfassung, der Triebwasserzu- und -ableitung mit Wasserschloß und dem Kraftwerk, bestehend aus Werkeinlaß, Turbinendruckrohrleitung und Krafthaus mit Turbinen und Stromerzeugern (vgl. Bd. I S. 7). Ein oder mehrere Speicherbecken und Wasserbeileitungen können in mehr oder minder enger Verbindung noch als wesentliche Bestandteile zu der Wasserkraftanlage gehören. Nur bei Niederdruck-Staukraftwerken fehlt eine besondere Triebwasserleitung; Wasserfassung und Krafthaus bilden eine bauliche Einheit (Bd. I, S. 80—82).

In diesem Band werden die eben aufgezählten Hauptbauwerke einer Wasserkraftanlage der Reihe nach in ihrer betrieblichen Bedeutung und ihrer außerordentlichen, durch die Vielgestalt der natürlichen Umweltbedingungen begründeten Mannigfaltigkeit der Anordnung und konstruktiven Durchbildung in gedrängter Überschau aufgezeigt und erklärt werden.

## 1. Triebwasserfassungen

### 1. Aufgabe und allgemeine Anordnung

Die Wasserfassung soll zu jeder Jahreszeit die Erfassung des verfügbaren Flußwassers und seinen Einzug in die Triebwasserleitung unter möglichst geringem Fallhöhenverlust gewährleisten und dabei übermäßigen Wasserandrang (bei Hochwasser) und schädliche Beimengungen wie Geschiebe, Treibzeug und Eis der Triebwasserleitung nach Möglichkeit fernhalten. Dazu bedarf es in erster Linie eines *Einlaß-* oder *Entnahmebauwerks* — meist mit Regulierverschlüssen, Schutzrechen und Einrichtungen zur Abscheidung von Geschiebe und Eis ausgestattet —, in zweiter Linie aber fast immer auch eines „Fassungswehres" im Fluß, dessen Stau den vollständigen Einfang des zufließenden und wasserrechtlich verfügbaren Wassers auch bei geringer natürlicher Wasserführung sichert.

Mit diesen beiden Hauptteilen einer Flußwasserfassung — Einlaß und Stauwehr — verbinden sich je nach den sonstigen wasserwirtschaftlichen Nutzungen des Gewässers manchmal Nebenanlagen wie Schiffsdurchlässe, Kammerschleusen, Floßgassen und Fischpässe.

Für die Wahl der Baustelle einer Wasserfassung und ihre bauliche Durchbildung sind im Rahmen der übergeordneten allgemeinen Stufeneinteilung der Gesamtplanung die örtlichen geologischen und morphologischen Naturbedingungen und die Natur des benutzten Gewässers maßgebend. Die Wehrstelle soll im Profil nicht zu breit noch — mit Rücksicht auf Hochwasserabführung und Unterbringung von Nebenanlagen — zu eng sein; sie soll sicheren Baugrund in nicht zu großer Tiefe bieten und vor allem eine hydraulisch günstige Grundrißanordnung der Gesamtanlage ermöglichen.

### a) Staulose Wasserfassung

Ausleitung des Triebwassers aus dem ungestauten Fluß ist stark von dem natürlichen Wechsel der Wasserstände abhängig und gestattet, nur einen Teil der jeweiligen Wasserführung zu erfassen. Sie kommt daher nur bei Anlagen mit niedrigem Flußausbaugrad (Ausbauwasserführung/mittlere vorhandene Wasserführung) und dort in Frage, wo besondere Umstände (etwa Naturschutzforderungen) die Stauung des Mutterflusses verbieten oder unmäßig verteuern.

Die Ausnutzung der Niagarawasserkräfte z. B. vollzog sich anfänglich und jahrzehntelang ohne jede Stauung des Flusses[1]), und erst in neuerer Zeit ist man, um eine weitergehende Inanspruchnahme der vorhandenen Flußwasserführung ohne Schädigung der landschaftlichen Wirkung der Fälle zu er-

[1]) Ludin, Wasserkraftanlagen. Springerverlag 1934, S. 213.

möglichen, zur Errichtung von Stauanlagen übergegangen, die, ohne selbst in Erscheinung zu treten[2]), eine gleichmäßige Verteilung des unbenutzten Abflusses über die Gesamtbreite der Wasserfälle erzwingen.

b) Stauwasserfassung

Die Anlage eines Stauwerks mit hinreichend hohem Aufstau sichert die jeweils erwünschte Erfassung der Flußwasserführung auch bei Niederwasser und erleichtert am Einlaßbauwerk die Abwehr von Geschiebe, Eis und Treibzeug.

Die Stauwasserfassung ist aus diesem Grunde ganz allgemein die Regel. Die Anlage eines Stauwehrs bietet zudem meist noch eine Reihe anderer Vorteile: Verbesserung der Ausnutzung der Gesamtfallhöhe (vgl. Bd. I S. 27 f.), Hebung des Grundwasserstandes und durch Bildung eines Stausees: Flußreinigung, Verschönerung des Landschaftsbildes, Verbesserungen für Fischzucht und Schiffbarkeit. Allerdings sind auch u. U. Schadenswirkungen (z. B. landwirtschaftliche Stauschäden) möglich, denen von vornherein planmäßig zu begegnen wäre. Ein näheres Eingehen auf diese Fragen und diejenigen der Disposition und Konstruktion von Stauanlagen ist im Rahmen des vorliegenden Bändchens nicht möglich; diese Gegenstände sind in Bd. 965 „Wehr- und Stauanlagen", 597 „Verkehrswasserbau II: Flußkanalisierungen" von Dehnert und 1044 „Talsperren" von Tölke behandelt.

2. Entnahme- oder Einlaßbauwerk

Seine Anordnung und Ausbildung ist je nach den örtlichen Bedingungen und der gesamten Ausbauform der Wasserkraftanlage sehr verschieden. Doch lassen sich zwei Hauptgruppen unterscheiden: An allen Stauwerken geringerer Höhe ergibt sich von selbst die „Hochentnahme" mit freiem Spiegel. während an Speicherbecken (regulierten Seen und Talsperren) meist eine tief unter dem Spiegel liegende Einleitung in Druckstollen

[2]) Nach dankenswerter Mitteilung des Herrn R. L. Hearn, Präsidenten d. Hydroelectric Power Commission of Ontario.

oder Druckrohrleitungen, eine „T i e f e n t n a h m e", das Gegebene ist.

a) H o c h e n t n a h m e (F r e i s p i e g e l e i n l a u f)

aa) W e r k k a n a l e i n l a u f. Der Einbau eines Stauwehrs in einen Geschiebe führenden Fluß in Verbindung mit Wasserumleitung auf eine längere Strecke bewirkt eine Änderung des bis dahin bestandenen Geschieberegimes, die um so stärker ist, je größer die zu entnehmende Ausbauwasserführung und je höher der Stau gewählt wird. Im Bereich der Stauhaltung fallen die Schwerstoffe in vermehrtem Maße aus, unterhalb der Stauanlage greifen die, zwar um die Ausbauwasserführung geschmälerten, aber ihrer Schwerstofflast mindestens teilweise entledigten Hochwasser die Flußsohle in verstärktem Grade an, was Vorausbeachtung bei der Höhenanordnung des Wehrabschußbodens verlangt, aber die Triebwasserentnahme aus dem Oberwasser nicht berührt. Um so bedeutender ist aber deren Erschwerung durch die drohende Versandung und Verschotterung des Oberwassers und schließlich des Kanaleinlaufs selbst. Nunmehr sieben Jahrzehnte umfassende Betriebserfahrungen, in den letzten drei Jahrzehnten ergänzt durch Beobachtungen am Modell, ließen die obwaltenden hydraulischen Gesetze und Anordnungsregeln erkennen, durch deren Berücksichtigung der Entwurf in den Stand gesetzt wird, auch in schwierigen Fällen eine bauliche Lösung anzugeben, die ihren Zweck mit einem wirtschaftlich tragbaren Aufwand betrieblicher Nachhilfemaßnahmen (Spülungen und/oder Baggerungen) befriedigend erfüllt.

Hinsichtlich der Gesamtsituierung und Grundrißanordnung des Stau- und Einlaufbauwerkes ist seit langem bekannt, daß es Vorteile bietet, das Triebwasser in einer gekrümmten Flußstrecke, und zwar am äußeren Ufer zu entnehmen. Denn die durch die Zwangsführung des Flusses in der Kurve in ihm entwickelte räumliche Spiralströmung kolkt bei Hochwasser und gezogenem Wehr an der Bogenaußenseite und führt das Geschiebe an der Sohle an das Hohlufer hinüber[3]). Muß man aus besonderen Gründen in einer geraden Flußstrecke entnehmen, so erzeugt man eine ähnliche Wirkung künstlich, indem man die Einlaufschwelle gegen die Flußachse verschwenkt, so daß sie mit der nahe gelegenen Stauwerksachse einen stumpfen Winkel (etwa 120—130°) einschließt[4]) (Abb. 1). Die Einlaufschwelle parallel zur Flußachse anzuordnen, wie früher üblich, empfiehlt sich nur bei sehr beengter Flußbreite. Doch sollte der Triebwasserkanal auch hierbei in einem spitzen Winkel vom Flußufer abzweigen. Zur Flußrichtung senkrechte Abzweigung wird wegen ihrer ungünstigen hydraulischen Auswirkung (Ablösung der Strömung, Schlammablagerung im Totwasserraum) möglichst vermieden. In der Flucht der Einlaufschwelle ordnet man einen Bedienungssteg auf schlanken, strömungsgünstig, also nicht unbedingt parallel, gerichteten Pfeilern und eine Abweistauchwand gegen Eis und Geschwemmsel an. Zweckmäßig wird oft auch die Anord-

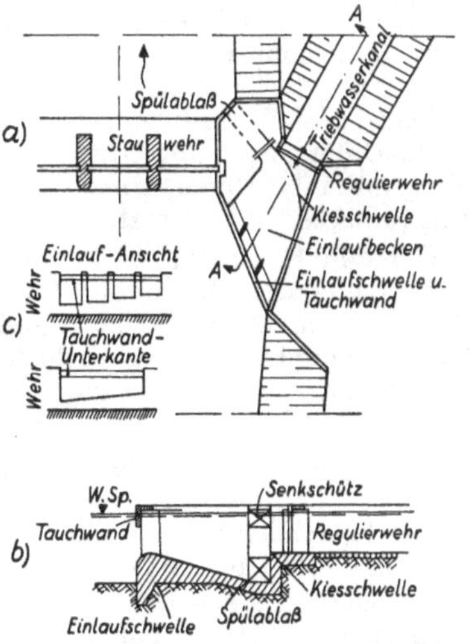

Abb. 1. Wasserfassung an einem Geschiebe führenden Fluß (grundsätzliche Anordnung)

3) F. Habermaas, Geschiebeeinwanderung in Werkkanäle und deren Verhinderung. Wkr. u. Wawi. H. 9 u. 10, 1935.

4) Dr. Ing. T. Schiffmann, Abwehr d. Geschiebe- u. Schwebstofführung v. Freispiegel-Einläufen. Wkr. u. Wawi. 1944, H. 1.

nung einer hochwasserfreien Verschlußmöglichkeit — sei es auch nur durch Dammbalken statt Schützen — sein, selbst wenn man am eigentlichen Kanalbeginn, hinter dem Einlaufbecken, nochmals einen zweiseitig kehrenden Verschluß anordnen will — was bei langen Kanälen den Vorteil bietet, daß man den Oberkanal nicht zu entleeren braucht, wenn man im Einlaufbecken oder am Stauwehr selbst den Stauspiegel zur Vornahme von Geschiebespülungen oder anderen Arbeiten zeitweilig senken will.

Die Sohle des Einlaufbeckens ist so geneigt, daß vor dem Kanalkopf eine zweite Kiesschwelle entsteht, die etwa über die erste Schwelle eingedrungenes Geschiebe aufhält, so daß es ab und zu durch einen Spülkanal ins Wehr-Unterwasser abgeschwemmt werden kann — was aber vorherige starke Absenkung des Wasserspiegels im Einlaufbecken voraussetzt.

Hand in Hand mit der Grundrißausbildung muß die Festsetzung der Höhen der Einlaufschwelle, der festen Schwellen des mit heb- und mindestens z. T. auch senkbaren Verschlüssen ausgestatteten Wehrs und der Gesamtstauhöhe gehen. Die sorgfältig zu führenden Untersuchungen sollten auch Modellversuche einschließen[5]—[7a]).

Generelle Modellversuche Schaffernacks zeigten (Abb. 2a), daß bei geöffnetem Wehr und Variierung der Höhe der Einlaßschwelle die Grenzfläche zwischen dem erfaßbaren Triebwasser ($Q_e$) und dem abströmenden Freiwasser ($Q_a$) erst bei der etwas über die halbe Flußwassertiefe hinaufreichenden Einlaufschwelle deren Fuß erreicht und somit die geschiebeerfüllte unterste Schicht der Strömung vollständig erfaßt. Diese wenn schon schematischen Versuche lassen die Wichtigkeit einer im Verhältnis zur Stauhöhe reichlich bemessenen Schwellen-

---

5) A. Schoklitsch, Geschiebebewegung in Flüssen und an Stauwerken. Springerverlag Wien, 1926.

6) Schaffernak, Untersuchg. üb. d. W. u. Geschiebebewegung bei freien Werkseinfängen. Ber. Nr. 187 WKK 1930 Bd. 9.

7a) Çeçen-Garbrecht: Über Wasserfassung aus geschiebeführenden Flüssen. Die Wasserwirtschaft. Aug. 1957.

höhe erkennen. Dabei ist nicht von der ursprünglichen Flußsohle aus zu rechnen, sondern von der unter Umständen durch Verschotterung erhöhten, zu erwartenden. R. Müller[7]) hat unter Benutzung der Meyer-Peterschen Geschiebetriebfunktion in eingehender Analyse und an Hand vielartiger Modellversuche untersucht, wie in stark geschiebeführenden Wildflüssen eine dauernd geschiebefreie Triebwasserentnahme allein durch hydraulische Maßnahmen gesichert werden kann. Er fand, daß dies in allen nicht in natürlicher Auflandung befindlichen Flußstrecken zu verwirklichen ist, allerdings nicht ohne mehr oder minder starke Anforderungen an das Opfern von Betriebswasser. Will man dies vermeiden oder einschränken, so muß man sich auf Baggerungen als einer planmäßigen Betriebsmaßnahme einstellen (z. B. Innwerke).

Die Festsetzung der Höhe der Einlaufschwelle und der Unterkante der festen Tauchwand bestimmt zusammen mit der freien Länge der Einlaufschwelle (abzüglich der Pfeiler) den Einlaufquerschnitt und dieser in Verbindung mit der Ausbauwasserführung die mittlere Ein-

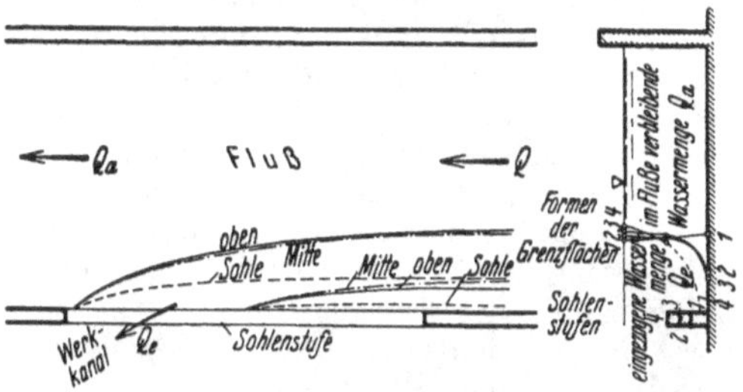


Abb. 2a. Strömungsteilung bei verschiedener Höhe der Einlaufschwelle (Schaffernack, WKK 1930) (nach „Otzen-Ludin", S. 198, Abb. 162)

---

7) R. Müller ETH Zürich, Wasserfassungen in geschiebeführenden Flüssen. W. u. En. Wi. Sept./Nov. 1955.

laufgeschwindigkeit des Triebwassers. Diese hält man gerne zwischen 0,8 bis 1,2 m/s mit Rücksicht nicht nur auf die Energieverluste, sondern auch auf die Gefahr des Einziehens von Geschiebe über die Schwelle und von Eisschollen unter der Tauchwand durch. Einer beliebigen Vergrößerung der Schwellenlänge steht aber entgegen die Tatsache der Begrenztheit der Reichweite des Spülsogs der teilweise gezogenen ersten (oder besser zweiten und dritten) Wehrschütze. Aus diesem Grunde hat man schon die Schwellenhöhe vom Stauwehr aus stromaufwärts zunehmend angelegt (Abb. 1 c).

Die Bemessung eines in jeder Hinsicht gut wirkenden Werkkanaleinlasses ist nach allem von mehreren, einander z. T. widersprechenden Forderungen abhängig. Diese Erkenntnis hat in der Praxis zur Entwicklung einer hohlen Spülschwelle geführt (Abb. 2), die durch beschützte Stichöffnungen das andrängende Geschiebe in unmittelbarer Nähe der Schwellenoberkante abfängt und in das Wehrunterwasser abschwemmt. Dies setzt aber einen auch bei H.W. nicht zu klein werdenden Höhenunterschied zwischen Ober- und Unterwasser des Wehrs voraus, damit eine ausreichende Fließgeschwindigkeit im Spülkanal erhalten wird. Deshalb und mit Rücksicht auf die Eintrittsverluste muß der Spülkanal sorgfältig (etwas enger als in Abb. 2) so ausgebildet und angeordnet werden, daß die erforderliche Spülgeschwindigkeit mit einem Minimum an Wasserverbrauch erzielt wird. Bei alledem ist klar, daß eine reichliche Wehr-Stauhöhe die wesentlichste Vorbedingung für die Möglichkeit einer befriedigenden Bemessung des Kanaleinlaufes bildet. Die Praxis ist daher bald von den anfänglich bei Kanalwerken verwendeten bescheidenen Wehrhöhen ab- und zu solchen von mindestens etwa 7—8 m übergegangen. Da eine größere Wehrhöhe auch den allgemeinen Vorteil einer Verbesserung der Ausnutzung der Gesamtfallhöhe bietet, sind die Mehrkosten eines höheren Stauwehrs in der Regel wohl zu rechtfertigen.

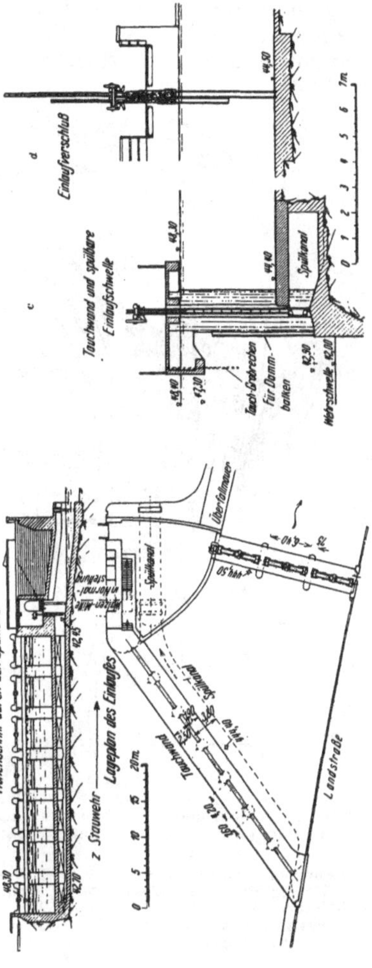


Abb. 2. Einlaufbauwerk mit Spülschwelle (WKA Mixnitz/Mur, Stewaag)

Als ein weiteres Mittel der Verbesserung des Geschiebeabzugs vom Einlaß wurde schon vor über drei Jahrzehnten beim Entwurf der Wehranlage Jettenbach am Inn[8]) [9]) die Anordnung einer „Vorschwelle“ in flußauf-

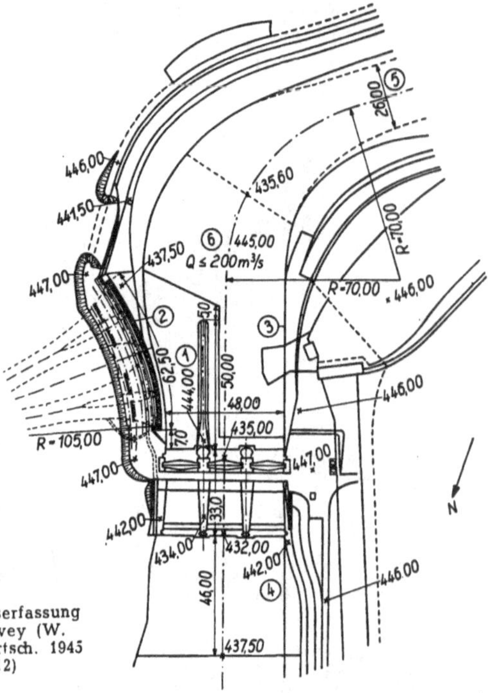


Abb. 3. Wasserfassung der WKA Lavey (W. u. Energiewirtsch. 1945 H. 12)

(1) Vorschwelle — (2) Turbinenrechen auf Einlaufschwelle — (3) obere Flügelmauer — (4) untere Flügelmauer — (5) Regulierungsbreite — (6) Winterstauziel (+ 445,00, Q = 200 m³/s).

[8]) H. Thoma, Geschiebebewegung in wasserdurchströmten Gerinnen u. d. Ausbildung d. Kanaleinläufe bei Wasserkraftanlagen. Veröffentl. d. Mittl. Isar AG. München 1923.

[9]) Die Innwerke, Festschrift d. Innwerk AG.; Ludin, Wasserkraftanlagen. Springerverlag 1934, S. 207.

wärtiger Verlängerung des ersten Wehrzwischenpfeilers erkannt. Durch diese, später noch anderwärts[10]) [11]) [12]) (Abb. 3) verwendete Anordnung wird das Geschiebe sehr wirkungsvoll vom Triebwassereinlauf ferngehalten. Die Wehröffnung 2 (außerhalb der Vorschwelle) wird dabei zuerst und die dem Einlauf nächstliegende Wehröffnung 1 erst nach allen übrigen freigegeben. — Wenn der normale Werkkanalspiegel unter dem Hochwasserspiegel am Kanaleinlaß liegt, muß der Regulierverschluß auf der Einlaufschwelle oder im Kanalkopf so betätigt werden, daß keine Überflutung der Kanaldämme eintreten kann. Zur Sicherung gegen Bedienungsfehler wird möglichst kurz hinter dem Kanalkopf eine genügend leistungsfähige selbsttätige Entlastungseinrichtung (Streichwehr, Heberbatterie u. dgl.) angeordnet[13]). Die Wasserstände am Stauwehr und hinter dem Regulierwehr werden elektrisch in die Kommandozentrale des Krafthauses übertragen.

In konstruktiver Hinsicht ist auf Grund mancher Unfälle darauf hinzuweisen, daß das Einlaßbauwerk, wie jede Stauanlage, sorgfältig gegen zu hohen Sohlenwasserdruck und Unterläufigkeit oder gar Unterspülung durch Anschluß der Bauwerkssohle und seitlichen Mauern an den dichten Untergrund zu sichern ist. Je nach Umständen geschieht dies durch eine frontale oder ringsumlaufende Spundwand, Senkkastenschürze u. dgl. Seitliche Umläufigkeit ist durch tiefes Einbinden in das Ufer und sorgfältigen Anschluß an das Stauwehr und dessen vom einen zum andern Ufer durchzuführende Dichtschlußfläche (z. B. Spundwand) zu verhüten.

bb) W e r k - S c h i f f a h r t s k a n a l - E i n l a u f. Die Sicherheit des Schiffahrtsbetriebes stellt verschiedene un-

---

[10]) Büchi u. Preiswerk, Das Kraftwerk Mörel d. Rhônekraftwerks AG. Ernen. Schw. Bauz. Bd. 122, H. 18.

[11]) Ausbau d. Plessurwasserkräfte durch d. Stadt Chur.

[12]) Mystre, L'Usine hydro-électr. de Lavey du Service de L'Elec. de la Ville de Lausanne. Schw. Wa. u. Energiew. 1948, H. 7/8.

[13]) J. Frank, Sicherung d. Werkkanäle geg. eindringendes Hochwasser. Wkraft u. Wawi. 1941, H. 1.

bedingt zu erfüllende Bedingungen: Die Einfahrt in den Kanal soll unter möglichst geringer Richtungsänderung (womöglich tangential vom Hohlufer weg) erfolgen. Das Stauwehr muß mindestens einige Schiffslängen stromab der Trennungszunge des Kanaleinlaufs liegen. Ob ein Verschlußwehr hinter dem Einlauf entbehrlich ist, hängt u. a. von der Länge des Oberkanals und der Höhe des H.W. über dem Betriebsstauziel ab. Ist mit erheblicher Geschiebeführung zu rechnen, so wird man eine Einlaufschwelle anordnen, die so hoch gemacht wird, als es der Schiffahrtsbetrieb erlaubt (z. B. 1 m unter Schiffsboden). Auftretende Geschiebeablagerungen vor und hinter ihr müssen ab und zu durch Bagger beseitigt werden.

Im allgemeinen wird ein einheitlicher Einlaufkanal zweckmäßig sein. Beispiel: Der zweischiffige Neckarseitenkanal ($Q_a = 90\ m^3/s$) unterhalb Heidelberg[14]). Bei sehr großer Werkwasserführung kann aber zur Verkürzung der Länge einer Einlaufschwelle und Verbesserung der Geschiebeabwehr eine Aufspaltung in zwei Einlaufkanäle vorteilhaft sein, wie die sehr eingehenden Projektstudien und Modellversuche an dem für $Q_a = 1530\ m^3/s$ ausgebauten 17 + 11 km langen Rhôneseitenkanal von Donzère - Mondragon gezeigt haben (Abb. 4)[15]).

Der stromobere, an der Einlaufschwelle 100 m breite und 3,5 m tiefe Schiffahrtsarm führt ein Drittel, der 80 m breite und über der Schwelle 5,5 m tiefe Werkwasserarm zwei Drittel der Werkwasservollmenge. Da das HHW der Rhône 2—3 m über Wehrstauziel liegt und wegen der großen Länge (17 km) des Oberkanals hat man sich für die Anordnung je eines nach beiden Richtungen kehrenden Sperrwehres in beiden Einlaßkanalarmen entschieden.

Die Höhe der Einlaßschwellen über Talwegsohle ist 8,5 bzw. 6,5 m. Die Einlaßschwelle des Schiffspasses ist aus einer im Grundriß gestreckten doppelten Stahlspundwand ge-

---

14) s. Sammlg. Göschen Bd. 597. Verkehrswasserbau II, S. 23.

15) Für diese und andere Mitteilungen über Donzère-Mondragon danken wir geziemend Herrn Marc Henry, Ing. en ch. d. p. et ch., Leiter des Studienbüros der Compagnie Nationale du Rhône, Lyon.

bildet, diejenige des Werkwassereinlaufs dagegen ist aus Stahlbeton und im Grundriß im stumpfwinkligen Zickzack geführt bei pilzähnlichem Querschnitt. Die sich bei gezogenem Wehr daran entwickelnden waagrechten Strömungswalzen schaffen das Geschiebe in die Flußströmung hinaus.

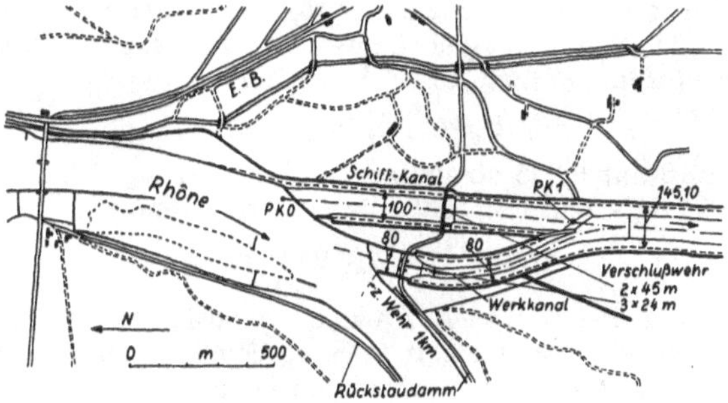


Abb. 4. Wasserfassung an schiffbarem Werkkanal. (Donzère Mondragon) (Compagnie Nat. du Rhône)

cc) Druckstollen- und Schachteinläufe. Der Übergang von der durch Betriebsrücksichten meist auf 0,8—1,4 m/s beschränkten Einlaufgeschwindigkeit zu der notwendigerweise erheblich höheren Strömungsgeschwindigkeit eines unmittelbar am Fassungswehr beginnenden Druckstollens oder -schachtes, wie bei der schwedischen Bauweise (Band I S. 104) erfordert besondere Vorsorge, um unnötig hohe Druckverluste

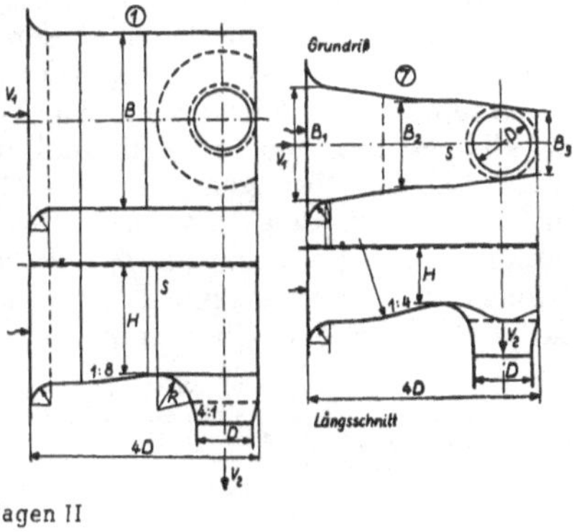


Abb. 5. Verschiedene Formen für Turbinenschachteinläufe nach Reinius (Sv. V, K. För. Publ. 1956/57)

zu vermeiden. Professor Reinius[16]) hat (Abb. 5) in 6 systematischen Versuchsreihen unter Variation von Breite und Tiefe am Rechen und am Schütz, von Wandkonvergenz, Sohlensteigung u. a. m. die Möglichkeit bewiesen, durch Formverbesserungen an Betonvolumen und Schützengewicht zu sparen und gleichzeitig den Beiwert der Formel für den Energiehöhenverlust zwischen Rechenrückseite und Anfang des Fallschachtes:

$$H_e = \zeta_e \left(v_2^2 - v_1^2\right)/2\,g$$

von 0,13 auf 0,053 abzumindern. Bei z. B. $v_2 = 3{,}5$ m/s, $v_1 = 0{,}8$ m/s und $Q = 100$ m³/s entspricht dem eine Mehrleistung von $8 \cdot 100 \cdot \frac{4{,}3 \cdot 2{,}7}{2\,g}$ (0,082) = 39,0 kW.

dd) F a l l s c h a c h t f a s s u n g e n i m G e b i r g e. Nebenwasserfassungen z. B. in Hang-Quellbächen, die eine Druckstollentrasse kreuzen, werden knapp über der höchsten vorkommenden Betriebsdrucklinie angeordnet, um den Abfluß der mitauszunutzenden Seitenbäche möglichst restlos zu erfassen. Die Einleitung erfolgt dabei durch einen schrägen oder senkrechten Fallschacht. Bei dem auftretenden großen Höhenunterschied zwischen Wasserspiegel der Nebenwasserfassung und der Drucklinie des Stollens bei abgesenktem Speicherbecken kann Luft in den Schacht mitgerissen werden, die vor Eintritt in den Druckstollen wieder entweichen muß, wenn strömungsstörende Luftansammlungen und deren explosionsartiger Austritt an der Wasserfassung oder dem Wasserschloß des Hauptdruckstollens vermieden werden sollen. Hierfür gibt es aus neuerer Zeit zahlreiche Beispiele verschiedenartiger Lösungen. Geeignete Einrichtungen sind: Entlüftung durch den Fallschacht selbst[17]), evtl. mit Unterstützung durch Spiralströmung, oder durch eine mit Entlüftungsschlitzen versehene Trennwand zwischen wasser- und luftführendem Querschnitt im Schrägschacht mit

16) Sv. Vattenkr. För. Publ. Nr. 7, 1956.
17) F. Hamann, Die Dürrachzuleitung z. Achensee. Österr. Z. f. El. Wirtsch. 1951, H. 12, S. 389.

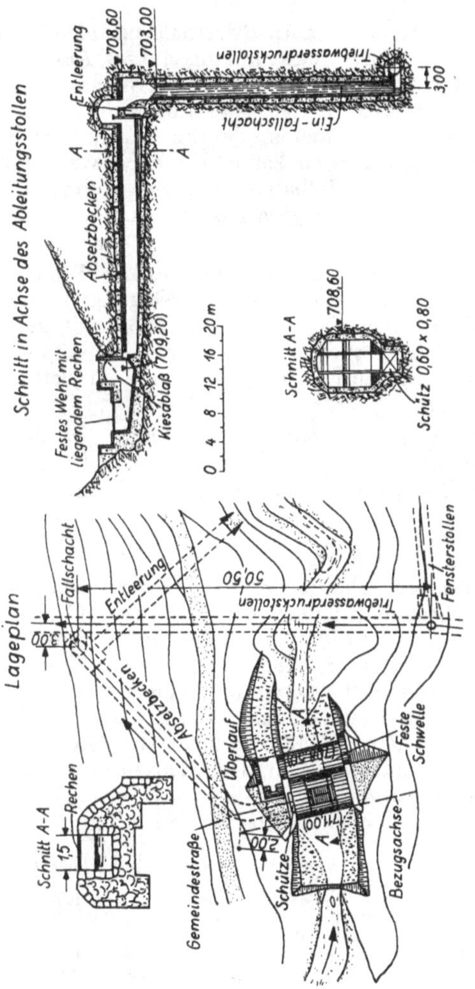


Abb. 6. Nebenwasserfassung (Tiroler Wehr) mit Fallschacht, Bittoausbau, Stufe 4 It. (Gruppo Edison, L'Energ. Elettr. 1949/50)

unterer Toskammer[18]), auch Einschaltung eines engen Fallrohres mit Widerstandswindungen und Ausflußdüse ist ausgeführt[19]). Diese Nebenwasserfassungen müssen, weil sie unmittelbar in den Hauptdruckstollen speisen, einen Feinrechen erhalten, der im allgemeinen nicht dauernd gereinigt werden kann. Daher verwendet man für diese, meist in Wildbächen mit viel grobem Geröll anzulegenden Fassungen gern das sogenannte Tiroler Wehr (Abb. 6).

Die niedrige feste Wehrschwelle ist als Rinne ausgebildet und mit einem in schwacher Neigung[20]) darübergelegten Feinrechen (10—20 mm Stababstand) gedeckt. An das Gerinne schließt sich eine im Ufer eingebaute Kammer mit Spülauslaß und Überfall nach dem Fallschacht hin an.

Da die eigentlich erhoffte Freispülung des Rechens bei Hochwasser meist nicht genügend eintritt, muß ab und zu doch von Hand oder mit Spritzschlauch gereinigt werden.

### b) Kies- und Sandfang

Bei Freispiegeleinläufen von Hochdruckanlagen ohne sehr hohen Stau wird hinter dem durch einen Grobrechen gegen Treibzeug geschützten Einlauf außer dem bereits erwähnten Kiesfang oft auch noch ein Sandfang (Entsander) angeordnet[21]). Diese Maßnahme ist im Hochgebirge meist unerläßlich, um die Leit- und Laufräder der mit sehr hohen Geschwindigkeiten durchströmten Francis-Hochdruckturbinen und die Düsen und Schaufelbecher der Peltonturbinen vor dem sonst unvermeidlichen übermäßigen und raschen Abschliff zu schützen.

---

18) Ludin, Vorschlag in: Wasserkraftanlagen. Springer, 1934 S. 212. Wittmann, Modellversuche.

19) Orth, Bachfassungen bei der Glen-Affric-Wasserkraftanl. m. Düker u. Toskammer vor Einleitung in den Stollen. Bauing. 1954. H. 5 (Kurzbericht n. Proc. Inst. Civ. Eng. 1953 Teil I. S. 556).

20) Vorschlag f. Berechnung s. Houille Blanche, Mai 1953, S. 290.

21) Stambach u. Kalt, Wasserfassungen an Wildbächen. Schw. Bauztg. v. 8. 3. 1952.

Die im Wasserkraftausbau am meisten verbreitete Grundform des Entsanders ist ein im Grundriß langrechteckiges Absitzbecken (Abb. 7), von dem meist zwei oder mehr Einheiten nebeneinander, oft noch begleitet von einem „Winterkanal" als Umlauf, angeordnet werden, um abwechselnde Reinigung während des Betriebes der Wasserkraftanlage zu erlauben.

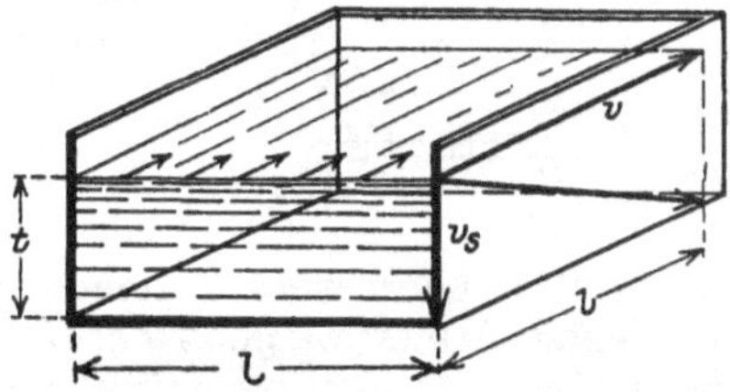


Abb. 7. Schema der Wirkung eines Klärbeckens

Die Wirksamkeit eines solchen Sandfanges setzt die Erzeugung einer den Beckenquerschnitt möglichst gleichmäßig ausnutzenden wenig turbulenten Strömung mit einer durchschnittlichen Geschwindigkeit von meistens 0,3 m/s voraus. Diese Vorbedingung wird in praxi — mehr oder minder vollkommen — erreicht durch Vorschaltung von Beruhigungs- und Verteilungsgittern (Grobrechen), die in mehreren Reihen hintereinander versetzt angeordnet werden. Dahinter folgt dann meist noch ein Feinrechen, der Fremdkörper abhalten und der Strömung den letzten Schliff geben soll.

Der Ausfallvorgang des im Triebwasser noch enthaltenen Feinkorngemischs vollzieht sich mit von der Wassertemperatur und der Korngröße (und auch: der Kornform und dem spezifischen Mineralgewicht) abhängigen Sinkgeschwindigkeiten $v_s$, die für kugelförmige Mineralkörner nach der Gleichung von Stokes-Oseen[22]) berechnet werden können.

22) Kropf, Beitrag zum Sandfangproblem. Verlag Leemann, Zürich, 1946.

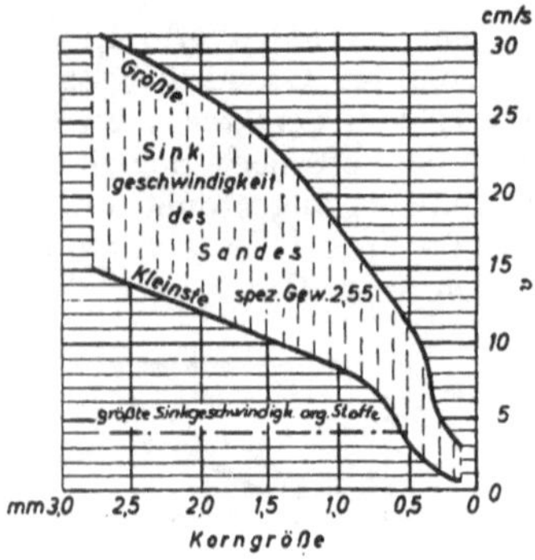


Abb. 8. Sinkgeschwindigkeit von Rheinsand in ruhendem Wasser in Abhängigkeit von der Korngröße. (Geiger, Sandfänge für Kläranlagen. Diss. T. H. Karlsruhe 1940.)

Blunk[23]) hat für Rheinsand die in Abb. 8 dargestellte Abhängigkeit der Sinkgeschwindigkeit von der Korngröße gefunden. (Die starke Streuung dürfte auf Formunterschiede u. a. m. zurückzuführen sein!)

Vor Bemessung eines Entsandungsbeckens muß man sich unter Berücksichtigung der Ergebnisse angestellter mechanischer Kornanalysen (Siebkurven) mit dem Turbineningenieur über die maßgebende, d. h. die kleinste gerade noch zu annähernd 100 % auszuscheidende Korngröße einigen. Länge $l$, Tiefe $t$, Breite $b$ des mit der Wasserführung $Q$ zu beschickenden Beckens werden dann so bestimmt, daß ein am Beckenanfang noch nahe der Wasseroberfläche treibendes Korn der „maßgebenden" Größe Zeit findet, um mit seiner konstanten Sinkgeschwindigkeit $v_s$ noch vor Erreichung des Beckenendes die Ablagerungssohle zu erreichen, von der es periodisch oder fortlaufend durch Spülkanäle abgezogen oder maschinell durch Bagger entfernt wird. Dieser theoretischen Betrachtung des Entsandungsvorganges entsprechen die folgenden bei der Beckenbemessung zu beachtenden Beziehungen zwischen:

Ausfallweg = ideeller Beckentiefe = $t_i$ (m)

Fließweg = Beckenlänge = $l$ (m)

Mittlere Fließgeschwindigkeit $v = v_s \cdot \frac{l}{t_i}$ (m/s)

---

23) Blunk, Beitrag zur Berechnung von Sandfängen. Gesundheits-Ingenieur 1933, S. 478.

$$\text{Aufenthaltsdauer } T = \frac{l}{v} = \frac{t_i}{v_s} \text{ (s)}$$

$$Q = v \cdot b\,t_i = v_s \cdot b\,l = v_s \cdot O$$

$O = Q/v_s$ Beckengrundfläche

$F = Q/v$ Beckenquerschnitt

$J = QT$ Beckeninhalt

Das praktische Hauptproblem beim Entwurf von Entsandern liegt in der Schwierigkeit, die Voraussetzungen der Theorie: turbulenzarme, gleichmäßig den Beckenraum ausnutzende Strömung ohne Totwasserzonen zu erzielen und eine wirksame Spülung des Beckens zu ermöglichen.

Besonders wirkungsvolle und wirtschaftliche Entsandungs-Systeme sind von Büchi (Abb. 9) und Dufour (Abb. 10) entwickelt worden und haben bei Hochdruckanlagen mit gutem Erfolg vielfache Verwendung gefunden. Die Räu-

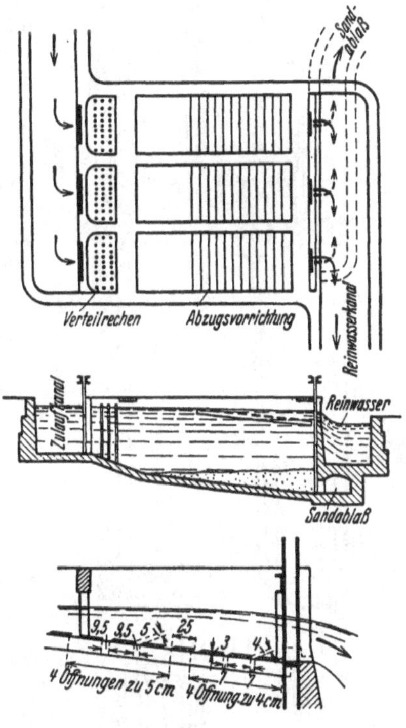


Abb. 9. Entsander nach Büchi. (Schweiz. Bauztg. 1917, Bd. I)

mung der Entsandungsbecken erfolgt bei Büchi stoßweise, wobei das zu reinigende Becken ausgeschaltet wird. Durch Öffnen der am Sandfangende befindlichen Spülschütze wird der abgelagerte Sand über die stark geneigte Kammersohle — gegebenenfalls mit Unterstützung durch mechanisches Aufrühren — aus dem Becken herausgespült. Die flache Tauchwand mit Schlitzen soll die Verteilung der Strömung über den Beckenquerschnitt erzwingen. Dufour arbeitet mit im Querschnitt schrägen, die Abspülung begünstigenden Kammerwänden und einer über die ganze Beckenlänge durchgehenden Reihe von Abzugsschlitzen, welche die ausgefällten Schwerstoffe in eine Abzugsrinne unter vollem Wasserdruck ständig automatisch ausschwemmen, so daß kaum Wartung notwendig ist.

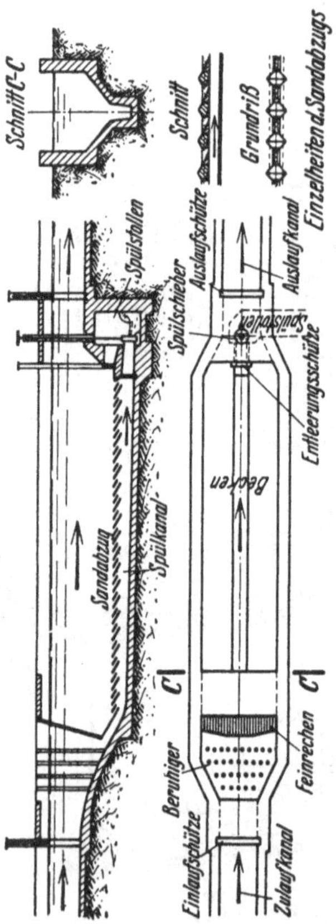


Abb. 10. Entsander nach Dufour-Lausanne

Beide Systeme scheiden bei den üblichen Abmessungen Feinsand über 0,3 mm Korngröße bis auf wenige Prozente sicher aus, Dufour-Anlagen meist sogar bis 0,2 mm Korn[24]). Die ideelle mittlere Durchströmungsgeschwindigkeit wird meist auf 0,3 m/s festgesetzt.

c) Tiefentnahme

aa) Allgemeine Anordnung. Bei Talsperren und regulierten Seen liegt der Triebwassereinlauf unter dem tiefsten Absenkziel, und zwar entweder in dem Stauwerk selbst oder im seitlichen Hang, das erfaßte Triebwasser fließt in geschlossener Leitung (Druckrohr oder -stollen) dem Kraftwerk zu. Um Lufteintritt in die Leitung zu vermeiden, muß die Oberkante der Einlauföffnung mindestens um das Maß $2 \cdot (1 + \zeta) \cdot \frac{v^2}{2\,g}$ unter dem tiefsten Absenkziel angeordnet werden. Hierbei ist 2 ein Sicherheitsfaktor, $\zeta$ = Eintrittsverlustziffer und $v$ = Eintrittsgeschwindigkeit.

bb) Talsperreneinlauf. Bei Talsperrenkraftwerken am luftseitigen Fuß oder auch innerhalb des Talsperrenbauwerkes wird die Triebwasserleitung durch die Staumauer (s. Bd. I S. 25 u. 94) oder den Erddamm geführt. Es wird aber auch die Anordnung eines Umleitungsstollens durch den seitlichen Hang gewählt (Bouldersperre, USA. Slg. Göschen, Bd. 1044, S. 119), wenn sehr große Leitungsquerschnitte das Stauwerk zu sehr verschwächen würden oder der bei Schüttdämmen schwierige Dicht-Anschluß vermieden werden soll.

Der vor dem Einlauf annähernd senkrecht anzubringende Turbinenrechen wird möglichst groß bemessen ($v$ = 0,4—0,6 m/s), damit er nur in größeren Zeitabständen Reinigung verlangt — entweder in hochgehißtem Zustand oder durch eine Spezialharke an Winde mit langem Seil. Der Strömungsübergang von der großen Rechenfläche zum Turbinenrohr erhält gut ausgebildete Trompetenform. Die anschließende Entnahmeleitung — meist in Stahl — erhält zwei maschinell betätigte

[24]) Dufour, Dessableur de l'usine Lavey $Q_a$ = 200 m³/s; H = 35—43 m. Betriebsergebnisse 1950/53, Bull. Techn. Suisse Romande 15. V. 1954.

Verschlüsse, von denen einer nahe der Wasserseite hinter einem zusätzlichen Notverschluß angeordnet ist. Der zweite Hauptverschluß kommt an die Luftseite der Talsperre, oder bei kurzen Entnahmeleitungen unmittelbar vor die Turbinen, und dient als Regulierverschluß. Die für hohen einseitigen Druck zu bemessenden Verschlußorgane werden rationell eng bemessen. Hinter dem luftseitigen Verschluß ist ein Ent- und Belüftungsventil oder -standrohr anzuordnen.

Bei Staudämmen ist das Einlaufbauwerk mit Rechen und wasserseitigem Verschluß oft in einem Turm untergebracht (Abb. 11). Die Einlaßöffnungen werden hierbei

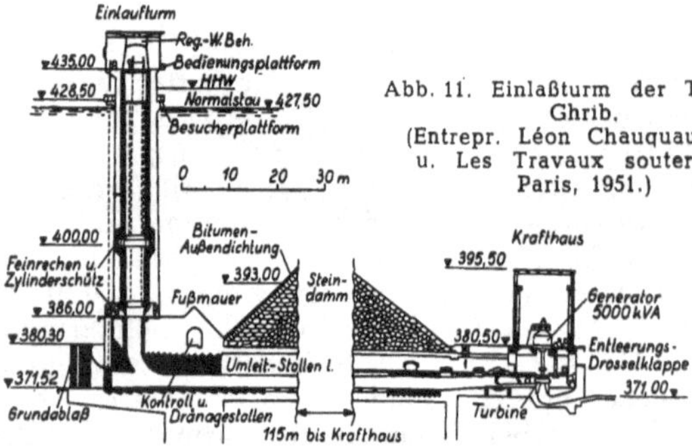


Abb. 11. Einlaßturm der Talsperre Ghrib. (Entrepr. Léon Chauquaud/Alg. u. Les Travaux souterrains, Paris, 1951.)

in verschiedenen Höhen angeordnet, wenn das Triebwasser auch als Trinkwasser dient. Bei den (heute kaum mehr ausgeführten) Schüttdämmen mit Betonkern (z. B. Soese und Sorpe) sind die Entnahmeverschlüsse hinter dem Betondichtungskern im Damminnern als Rohrverschlüsse eingebaut und die Entnahmeleitung nach Din 19 700 in einem begehbaren Rohrstollen verlegt. Bei großen Abmessungen wurde auch schon auf den Rohrstollen verzichtet und die Entnahmeleitung als einbetonierte Stahlrohrleitung in den Erddamm gelegt, wobei durch anbetonierte, in bestimmten Abständen angeordnete

Betonabfangringe der Sickerweg längs der äußeren Betonoberfläche abgeschnitten werden soll (Saluda Dam, USA).

cc) Hangeinlauf. Sehr häufig wird bei Entnahmen aus Speicherbecken mit anschließenden langen Triebwasserleitungen (Druckstollen) das Einlaufbauwerk am seitlichen Hang angeordnet, wobei ein Schieberschacht mit den Verschlüssen in das Berginnere gelegt wird. Dieser Entnahmeschacht wird entweder als Naß- (Abb. 12)

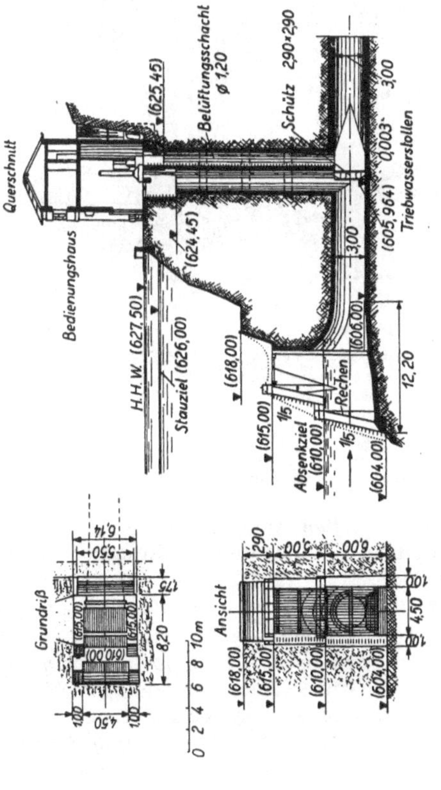


Abb. 12. Hangeinlauf mit Naßschacht, Merastufe I (It.). (L'En. Elettr. 1949 H. III/IV.)

oder als Trockenschacht (Abb. 13) ausgebildet und wieder mit zwei Verschlüssen ausgerüstet. Am Stollenmund ist der Rechen entweder fest oder in Neigung des Hanges auf einer Schrägbahn aufziehbar. Ein auf dieser Schrägbahn absenkbarer Notverschluß, der sich über den festen Rechen legt oder den aufziehbaren vorübergehend er-

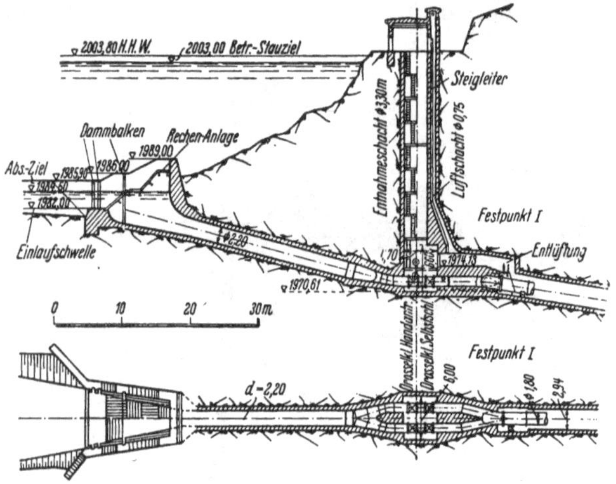


Abb. 13. Hangeinlauf mit Trockenschacht, Stubachwerk (Österr.). (Wkr. u. Wawi. 1929, H. 11.)

setzt, wird wohl bei großen Anlagen angeordnet, um das Stollenstück zwischen Einlauf und Naßschacht trockenlegen zu lassen. Mindestens sind Vorkehrungen für provisorischen Einbau eines Dammbalkenverschlusses bei abgesenktem Seespiegel zu treffen.

Der Hangeinlauf wird ebenfalls trompetenförmig und unter Vermeidung scharfer Kanten ausgebildet. Wo mit starker Schwerstoffführung zu rechnen ist, kann es vorteilhaft sein, nahe unter dem Nutzwassereinlaß einen leistungsfähigen Grundablaßstollen anzuordnen (Abb. 14), dessen Erosionstrichter selbst bei einer gewissen Verlandungshöhe noch die Entnahme von Nutzwasser erlaubt.

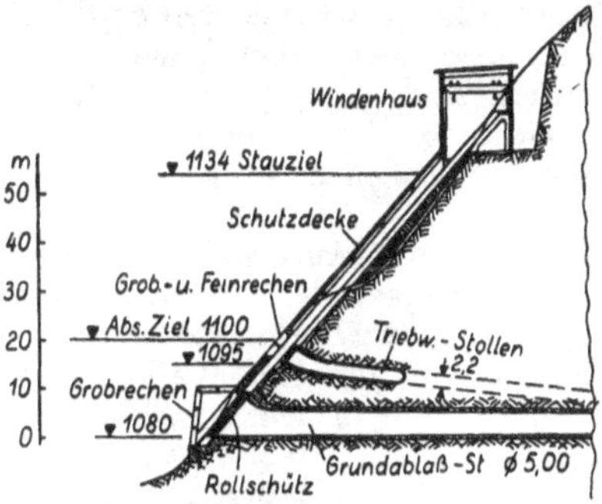

Abb. 14. Tiefeinlauf mit Grundablaß darunter (Projekt)

Bei der Bouldersperre wurden für die großen Triebwassermengen an beiden Hangseiten vier 115 m hohe Einlaßtürme errichtet, die mit Zylinderschützen von 9,75 m Durchmesser und 3,34 m Höhe ausgerüstet sind, wobei im Hinblick auf die zu erwartende Beckenverlandung die Unterkante des Einlaufs 76 m über Flußsohle angeordnet wurde.

dd) Seewasserfassungen. Seeregulierungen spielen als Mittel zum Abflußausgleich in der Wasserkraftwirtschaft seenreicher Länder eine große Rolle. Handelt es sich um ausgedehnte Flachseen, so genügen oft bescheidene Senkungen und Hebungen der bisherigen Grenzwasserspiegel, um die gewünschte Speicherwirkung zu erreichen. Es genügt dann oft, einen „Senkungskanal" auszu-

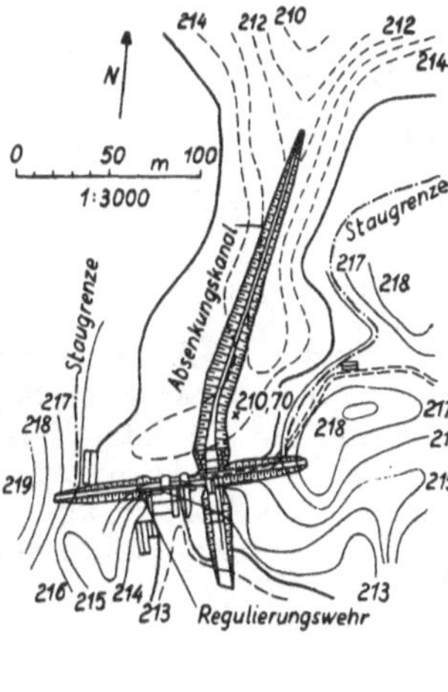

Abb. 15. Senkungskanal und Regulierungswehr eines Sees. (Nord. Wkr. Springerverlag 1930.)

baggern und den vertieften Seeausfluß durch Erstellung eines einfachen Regulierwehrs unter Kontrolle zu nehmen (Abb. 15). Die erwähnten Bauten können trotz bescheidener Ausmaße doch beachtliche Schwierigkeiten bereiten, wenn sie in tiefgründigen alten Seeschlammablagerungen auszuführen und zu sichern sind. Noch größere Schwierigkeiten ergeben sich leicht bei tiefen Gebirgsseen, die oft Dutzende von Metern zu senken und zu stauen sein können.

Die dabei gestellte schwierige Aufgabe des **Seeanstichs**, d. h. des Durchschlags des vom Kraftwerk her gegen den See vorgetriebenen Druckstollens mit anschließendem Ausbau zum gesicherten Tiefeinlaßbauwerk wurde schon in vielen Fällen und in sehr verschiedener Weise gelöst[25]).

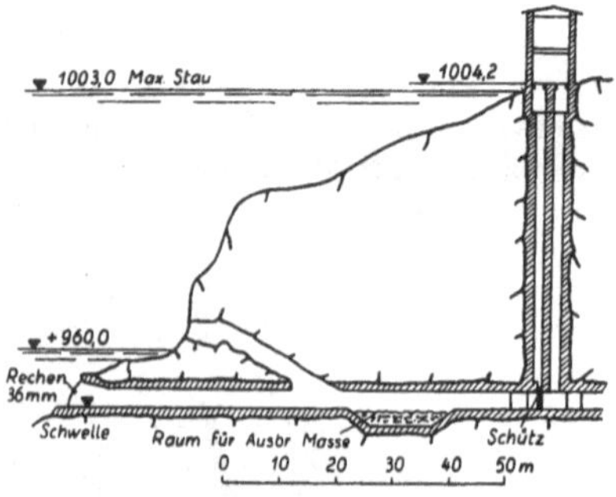


Abb. 16. Tiefeinlaß mit Seeanstich. Lac d'Issarles. WKA Montpezat (El. de Fr.)

Bei gutem Gebirge geht man (Abb. 16) auf noch sichere Entfernung gegen den Seegrund vor (Schluchsee[26]), Tremorgiosee[27]), unter Umständen in mehreren Höhenetappen zur Ermäßigung des Wasserdruckes. Zuletzt sprengt man das letzte Stollenstück durch eine besonders starke Sprengladung in den See hinaus. Nach vorsichtigem Ablassen des Sees durch den Betriebsstollen, zum Schluß unter Einsatz von Pumpen, errichtet man dann das Einlaßbauwerk planmäßig in einem Fangdamm. Ist das Gebirge für diese Ausführung zu durch-

25) Schiffmann, Seeabsenkungen (rd. 50 Beispiele) in Wasserkr. u. Wasserwirtsch. 1942, H. 7.
26) Bauingenieur 1931.
27) Schweiz. Bauz. 1927.

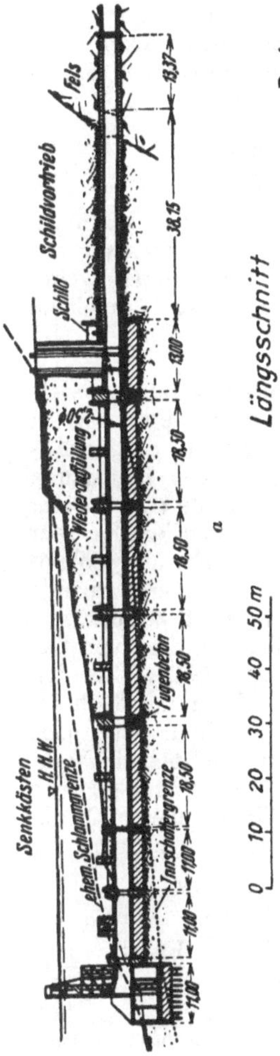


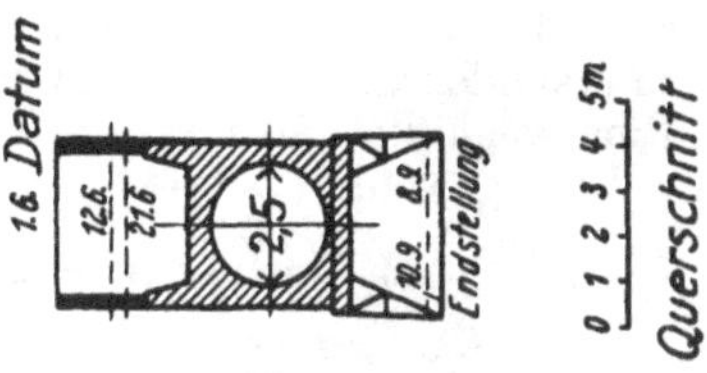


Abb. 17. Anstich des Achensees. (Wkr. u. Wawi. 1927.)

lässig oder die Überlagerung des Seegrundes zu mächtig, so gründet man das Entnahmebauwerk und, soweit nötig, den Anfang der Triebwasserleitung im Druckluftverfahren (Achensee, Abb. 17[28]) vom See aus und stellt danach die Verbindung mit dem Druckstollen her.

ee) Untergletscher - Wasserfassungen. Wenn besondere Verhältnisse dazu zwingen, mit einer Wasserfassung bis über die untere Vorstoßgrenze einer Gletscherzunge hinaufzugehen, so sind wegen der starken, immer zu erwartenden Schwerstoffführung ähnliche Schutzmaßnahmen wie bei anderen Wildbachfassungen vorzusehen,

[28]) Wasserkr. u. Wasserwirtsch. 1927.

während die Bauausführung den, nötigenfalls unter dem Eis zu erkundenden, Untergrundverhältnissen anzupassen ist. Eine geglückte Ausführung beschrieb Stambach in Schw. Bauztg. vom 7. 2. 1948.

## 2. Triebwasserleitungen

### 1. Aufgabe und Anordnung

Triebwasserleitungen sollen unter möglichst geringem Verlust von Wasser und Fallhöhe das Triebwasser von der Wasserfassung zum Kraftwerk und von diesem weiter zur Rückgabe in den Fluß (oder unmittelbar zu einem zweiten, dritten Kraftwerk) befördern (Bd. I Abb. 2, 14, 55, 56).

Bei der in großen Umleitungskraftanlagen über viele Kilometer erstreckten Länge der Triebwasserleitung ist diese nicht selten das kostspieligste Stück der ganzen Anlage. Dann kommt natürlich der rationellen Bemessung und Konstruktion ihrer Normalquerschnitte neben einer geschickt dem Gelände angepaßten Linienführung sehr große wirtschaftliche Bedeutung zu. Eingehende geologische und bauwirtschaftliche Vorarbeiten und vergleichende Entwurfsstudien machen sich dabei reichlich bezahlt.

Je nach den Vorbedingungen und Ansprüchen von Gelände, Baugrund, Klima, Umwelt und Betrieb werden Triebwasserleitungen entweder offen oder unterirdisch geführt, wobei sie ihrer hydraulischen Arbeitsweise nach entweder als „Gefälleleitungen“ mit freiem Spiegel (Werkkanäle, Kunstgerinne und -rohre, Freispiegelstollen) oder als vollaufende Druckleitungen (Druckstollen, Druckschächte, Druckrohre) angelegt und betrieben werden.

### 2. Hydraulische Verhältnisse[1] [2]

#### a) Fallhöhenverluste

Die bereits in Band I, S. 8, erwähnten Energie- und Fallhöhenverluste in der Triebwasserzu- und -ableitung

[1] Ch. Jäger, Techn. Hydrautik, Verlag Birkhäuser, Basel 1949.

[2] Böß, Techn. Hydromechanik. Taschenbuch f. Bauing., Springer-Verlag, Berlin 1955, Bd. I, S. 521 u. 531.

müssen beim Entwurf einer Wasserkraftanlage sorgfältig vorausberechnet werden, weil sie Nutzfallhöhe, Nutzleistung und Energieausbeute der Anlage erheblich schmälern können (s. z. B. Bd. I, S. 12 unten).

Setzt man in einem Längsschnitt der Leitung vom Ausgangs-Energiehorizont die der Reihe nach zu berechnenden Fallhöhenverluste $H_w$ (m) ab, so entsteht die Energielinie (Abb. 18). Setzt man von dieser dann noch die Geschwindigkeitshöhen $Hv = v^2/2\,g$[3]) ab, so ergibt sich die

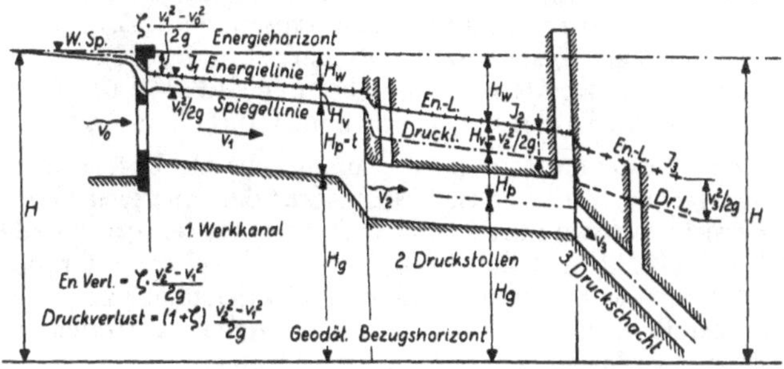


Abb. 19. Energie- u. Drucklinie mit Reibungsgefällen und örtlichen Druckverlusten

Drucklinie, bei Freispiegelleitungen: der Wasserspiegel. Diese Darstellung ist, da die Energieverluste in Wirklichkeit, in Wärmeenergie umgewandelt, erhalten bleiben, ein anschaulicher Ausdruck des Gesetzes von der Erhaltung der Energie und seines dem Bernouillischen Satz entsprechenden algebraischen Ausdrucks

$$H_g + H_p + H_v + H_w = \text{konstant.} \qquad (1)$$

Der wichtigste Verlust ist bei langen Triebwasserleitungen der auf die Fließreibung am benetzten Gerinneumfang zurückzuführende, kontinuierlich auf volle Leitungslänge ausgedehnte $H_w = \Sigma(J \cdot L)$ (Bd. I, S. 11).

---

[3]) Wegen ungleichmäßiger Geschwindigkeitsverteilung über den Querschnitt müßte genau genommen $(1 + \alpha)\ v^2/2\,g$ stehen, wobei $\alpha$ gewöhnlich zwischen 0,03 und 0,11 liegt.

Doch können auch die vielen auf örtliche Querschnittsänderungen zurückzuführenden, an sich kleinen Fallverluste bei Ein-, Durch- und Austritt mit Einschnürung, Beschleunigung und Verzögerung, Ablösung, Richtungsänderung an Einlaßbauwerk, Verschlüssen, Kunstbauten, Rechen usw. in ihrer Gesamtheit beachtenswerte Größe erreichen, die durch strömungstechnisch sorgfältige Einzeldurchbildung dieser Objekte nach Möglichkeit zu vermindern ist.

Die Strömung in der Triebwasserleitung ist im praktischen Betrieb ununterbrochen (kontinuierlich), zeitlich überwiegend beharrlich (stationär) ($dv/dt = 0$), dabei mindestens streckenweise gleichförmig ($dv/dl = 0$). Ihrer Struktur nach ist sie praktisch immer turbulent und strömend (Schießen $[v > \sqrt{g\,t}]$ kommt nur an Entlastungsanlagen vor). Daher ist das Quadrat der mittleren Querschnittsgeschwindigkeit $v = Q/F$ und die entsprechende Geschwindigkeitshöhe $(v^2/2\,g)$ der maßgebende Grundwert für die Berechnung aller Fließwiderstände aus Umfangsreibung und Stoß und der dabei auftretenden Energieverluste. Wir rechnen im einzelnen:

Die langhin verteilten aa) R e i b u n g s g e f ä l l e in offenen Gerinnen und Rohren

nach Brahms-Chézy $J = v^2/k_t^2 R$ (2)

nach Manning-Strickler $J = v^2/k_s^2 \cdot R^{4/3}$. (3)

Hierin bezeichnet $R\,(\mathrm{m}) = \frac{F}{u}$ den Profilradius, Ausdruck der hydraulischen Güte der Form des Querschnitts $F\,(m^2)$ mit dem benetzten Umfang $u\,(\mathrm{m})$, $k = \frac{100\sqrt{R}}{\mathrm{m} + \sqrt{R}}$ den Geschwindigkeitsbeiwert, der, z. B. nach Kutter, außer von der Umfangsrauhigkeit (Erfahrungswert $m$) noch vom Profilradius abhängt, $k_s$ den nur mit der Rauhigkeit veränderlichen Beiwert (z. B. der Stricklerschen Geschwindigkeitsformel). Für die Rauhigkeitsbeiwerte $m$ und $k_s$ sind auf Grund zahlreicher Natur- und Modellmessungen Erfahrungszahlen ermittelt (Tabelle 1).

Tabelle 1. Rauhigkeitsbeiwerte
*m* nach Kutter, $k_s$ nach Strickler

| | Gerinneart und Wandbeschaffenheit | m | $k_s = 1/n$[4]) |
|---|---|---|---|
| 1 | Gehobeltes Holz, Zementglattstrich, glatte Metallflächen, Stahlbeton in Stahlschalung gefertigt | 0,10—0,20 | 100—90 |
| 2 | Ungehobelte Bretter, Mörtelputz gescheibt, Torkret nachgerieben | 0,20 | 85—80 |
| 3 | Stahlrohre geschweißt neu<br>Stahlrohre geschweißt 25 Jahre alt<br>Stahlrohre geschweißt 50 Jahre alt | 0,1—0,2<br>10—15 %<br>20—30 % | 100—85<br>Minder-<br>leistung |
| 4 | Quaderwände, Ziegelmauerwerk, Gußeisenrohre mäßig inkrustiert | 0,35 | 80 |
| 5 | Sorgfältig gefugt. Bruchstmw. | 0,50 | 70 |
| 6 | Bruchsteinmauerwerk, rohgeschalter Beton unverputzt | 0,70 | 60—53 |
| 7 | Unbefestigte Erdsohle, feiner Kies mit viel Sand, grobes Bruchsteinmauerwerk | 1,00 | 50 |
| 8 | Regelmäßige Querschnitte von Kanälen und Flüssen, Böschungen und Sohle in Erde (Kies etwa 20/40/60 mm rein) | 1,50 | 40 |
| 9 | wie 8, in Bewegung befindliches Geschiebe, Kies 50/100/150 mm, Verkrautung | 2,00—2,50 | 35—28 |
| 10 | Stark geschiebeführende Flüsse, Wildbäche, kopfgroße Steine | 2,50 | 28 |
| 11 | Unregelmäßig aus dem Felsen gesprengte Wandung | 3,00 | 25—20 |

Die neuere Strömungslehre[5]) will an Stelle der empirisch bestimmten Widerstandsbeiwerte (z. B. *k* u. $k_s$) einen auf Grund der Ähnlichkeitsmechanik und der Grenzschichttheorie ent-

[4]) *n* in der hier nicht abgedruckten *k*-Formel nach Ganguillet und Kutter.
[5]) Prandtl, Strömungslehre. Verlag Vieweg, Braunschweig 1957 S. 145 u. a.

wickelten $\lambda$-Beiwert der zu $J = \lambda \cdot \frac{1}{R} \cdot \frac{v^2}{2g}$ umgeschriebenen Gleichung (2) einführen, der je nach dem Verhältnis der Höhe $r$ der einzelnen Wandrauhigkeitspartikel zur Dicke der Grenzschicht entweder eine Funktion der Reynoldsschen Ähnlichkeitszahl $R_e = \frac{v\,4\,R}{\nu}$ oder der relativen Rauhigkeit $\bar{r} = r/R$ oder beider sein soll. Die formelmäßige Festlegung der $\lambda$-Werte ist bisher nur für vollaufende Rohre von gleichmäßig verteilter künstlicher Rauhigkeit einigermaßen befriedigend gelöst, nicht für offene Gerinne von verschiedener Form und natürlichem Rauhigkeitscharakter. Man wird daher bis auf weiteres in der Praxis sich besser mit den doch recht gut bewährten bisher üblichen Formeln und ihren $k$-Beiwerten behelfen[6] [7] [8].

Die Gleichungen (2) und (3) gelten genau nur für gleichförmige Strömung, d. h. bei vollaufenden zylindrischen Rohren und bei Freispiegelrinnen regelmäßiger Form mit der Energielinie gleich geneigter Sohle. Ist eine solche Freispiegelleitung stärker geneigt als der Spiegel, was ein Stauwerk voraussetzt (Abb. 20), so nimmt der wassererfüllte Querschnitt stromabwärts zu und die mittlere Geschwindigkeit dementsprechend ab. Wir haben dann verzögerte Strömung und abnehmendes (unter sich verschiedenes) Energielinien- und Spiegelgefälle (Abb. 19 a): Staulinie: Ist die Freispiegelleitung schwächer geneigt als der Spiegel, so haben wir beschleu-

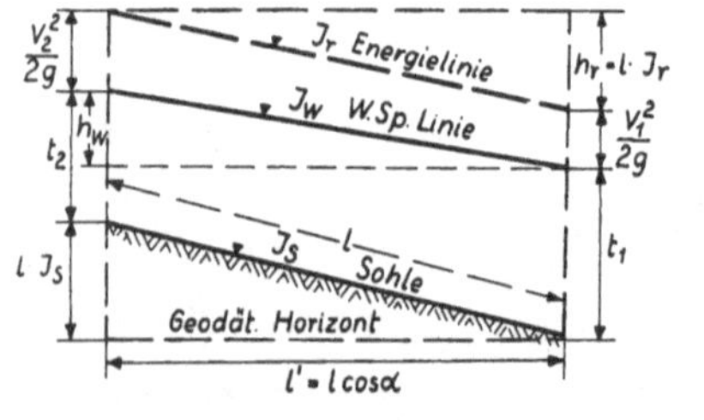


Abb. 19 a. Staukurvenabschnitt

---

[6] Ludin, Ermittlung der Fließwiderstände in Asbestzementrohren. Mitt. 13 Inst. f. Wasserbau T. H. Berlin 1932.

[7] Hoeck, Druckverluste in Druckleitungen großer Kraftwerke. Mitt. Versuchsanst. f. Wasserbau E. T. H. Zürich No. 3, 1943.

[8] Kirschmer, Kritische Betrachtungen zur Frage der Rohrreibung. Z. VDI. 1952, H. 24.

nigte Strömung, zunehmendes Energielinien- und Spiegelgefälle (Abb. 19 b): Senkungslinie[9]).

Berechnung der Stau- und Senkungslinien: Ein gegebenes, nicht notwendig regelmäßiges Bett (Kanal oder Flußstauhaltung) zerlegt man in passende, einigermaßen in sich gleichmäßige Unterabschnitte der Längen $l_1$, $l_2 \ldots$, deren Energielinien- und Spiegelfallhöhen man Schritt um Schritt vom unteren Ende stromauf fortschreitend nach dem Bernouillischen Satz berechnet, indem man die Energiefälle $J_r$ für die gemittelte Geschwindigkeit der jeweils unteren Teilstrecke nach Gl. (2) oder (3) berechnet:

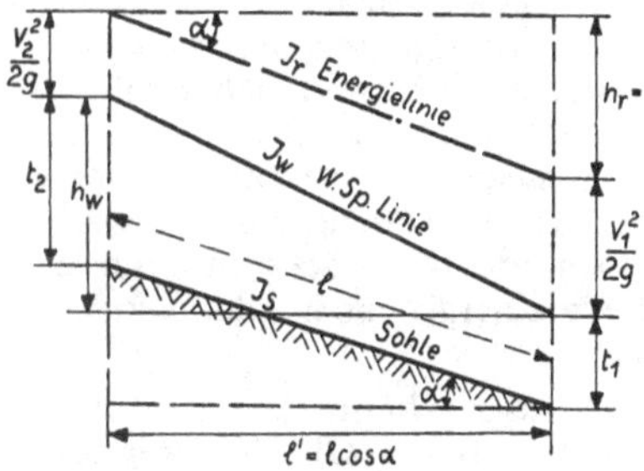

Abb. 19 b. Senkungskurvenabschnitt

$$l \cdot J_s + t_2 + v_2^2/2\,g = t_1 + v_1^2/2\,g + l \cdot J_r \tag{4}$$

$v_2 = \frac{Q}{F_2}$; $v_1 = \frac{Q}{F_1}$; (wobei
$F_2 = f\,[t_2]$; $F_1 = f\,[t_1]$;
$u_2 = g\,[t_2]$; $u_1 = g\,[t_1]$
gegeben und durch Hilfsdiagramme darzustellen sind).

$$\frac{F_2 + F_1}{2} = F_m;$$

$$\frac{u_2 + u_1}{2} = u_m; \quad R_m = \frac{F_m}{u_m}.$$

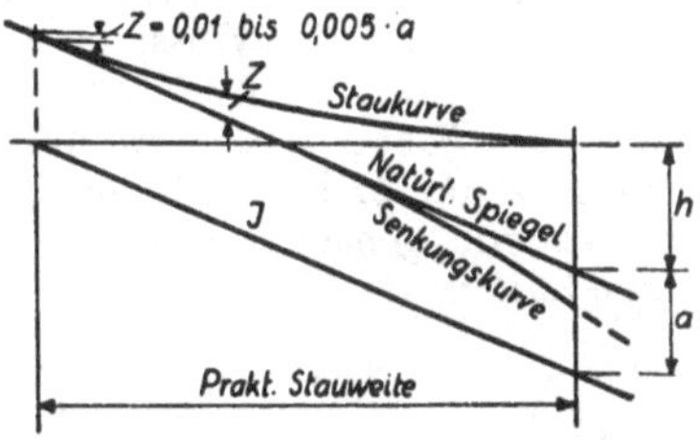

Abb. 20. Staukurve, Senkungskurve

9) Braun, Bestimmung der Spiegelformen bei offenen Gerinnen. Der Bauing. 1927, H. 35.

nach Brahms-Chézy: $h_r = \frac{Q^2}{F_m{}^2} \cdot \frac{l}{k^2 R_m}$

$$h_w = h_r + \left(v_1^2/2\,g - v_2^2/2\,g\right) \cdot a\,. \qquad (5)$$

Das $h_w$ wird jeweils zuerst geschätzt, dann berechnet, verglichen und nach Bedarf berichtigt und nochmals berechnet usf. Die Berechnung erfolgt zweckmäßig tabellarisch. Der Klammerausdruck (Unterschied der Geschwindigkeitshöhen, bei Staulinie negativ) wird oft vernachlässigt. Besser ist es, ihn mit einem Abminderungsbeiwert ($a$ = 0,9—0,5) einzurechnen, da die Rückverwandlung von kinetischer in potentielle Energie mehr oder minder mit Verlust verbunden ist.

Für Parabel- bzw. Rechteckquerschnitte konnte Tolkmitt bzw. Rühlmann (mit $a = 0$) die Gl. (5) integrieren[10]) und je eine Funktionszahlentafel als Rechenhilfe aufstellen. Dankwerts[11]) hat danach ein anschauliches Rechendiagramm gezeichnet[10]).

Der Schnittpunkt der (als hydrostatischer Stau bezeichneten) Waagrechten durch den Stauspiegel am Wehr mit der verglichenen Flußsohle bestimmt praktisch die hydrodynamische Stauweite. Denn hier ist der Staueinfluß nach Tolkmitt und auch nach Rühlmann schon weniger als 1 % der ungestauten Wassertiefe $a$, was schon im Bereich der Ungenauigkeit von Stauberechnungen liegt. Bei Stauhöhen am Wehr $h_0$, kleiner als die ungestaute Wassertiefe $a$, ist die praktische Stauweite noch kleiner. — Nach der Theorie genau Null wird die Stauwirkung erst im Unendlichen.

### bb) Verluste in Krümmungen

Für Freispiegelgerinne in Krümmungen von breiter Rechteckform (Breite = $d$; Tiefe = $t$; Achshalbmesser = $R_a$) (Abb. 21) gibt Boussinesq den zusätzlichen Krümmer-

10) Neuerdings auch Rothmund in Archiv f. Bautechnik H. 5 1955.

11) Z. Arch. u. Ing.-wesen, Hannover 1903, S. 258, wiedergegeben in Ludin, Wasserkraftanlagen 1934, Springerverlag Berlin, S. 180 f.

verlust zum Fließverlust $J_{ger.}$ auf gleich langer gerade gedachter Strecke nach Gl. (2) in Einheiten von $J_{ger.}$ an zu:

$$J_{Kr.\,zus.} = \frac{3}{4} \cdot \sqrt{\frac{a}{R_a}} \cdot J_{ger.} \qquad (6)$$

Für Rohrkrümmer errechnet sich der g e s a m t e Krümmerverlust zu $H_{k\,ges.} = \zeta_k \cdot v^2/2g$, (7)

worin nach Weisbach für Kreisbögen

$$\zeta_k = 0{,}13 + 1{,}85 \left(\frac{d}{2\,R_m}\right) 7/2 \cdot \frac{\alpha^\circ}{90^\circ}$$

$$\left(\text{gültig für } \frac{R_m}{d/2} = 1 \text{ bis } 6\right).$$

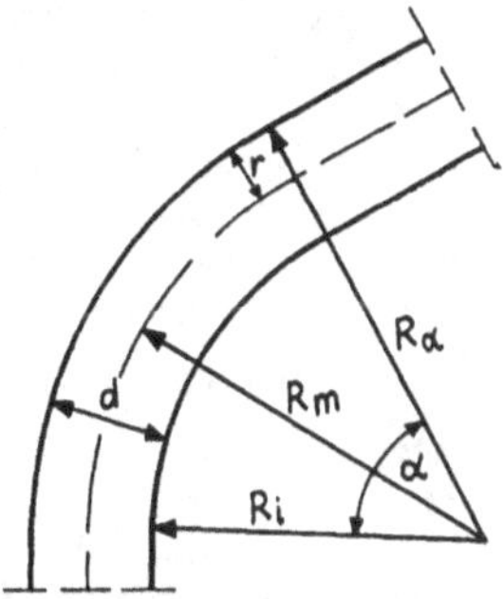

Abb. 21. Rohrkrümmer, Kanalkrümmer

cc) Ö r t l i c h e V e r l u s t e bei Wechsel des Durchflußquerschnitts (Beschleunigung, Verzögerung). Bei Querschnitts- und damit verbundenen Geschwindigkeitsänderungen ändert sich die Geschwindigkeitshöhe $v^2/2g$ und daher nach Abb. 19 zwangsläufig auch die Druckhöhe, ohne daß damit theoretisch ein Energieverlust verbunden wäre. Doch ist dieser praktisch nie ganz zu vermeiden und die Aufgabe des Entwurfs nur, ihn möglichst klein zu halten.

Die gefährlichste Verlustursache ist die Ablösung der Strömung von den begrenzenden Wänden und die mit ihr verbundene Bildung von Randwalzen. Ablösungsneigung aber tritt beim Eintritt in eine Verengung mit zu scharfen Öffnungsrändern, also bei beschleunigter Strömung mit Einschnürung auf. Noch näherliegend und schwer zu verhüten ist Ablösung aber bei verzögerter Bewegung. Hier kann nur eine sehr allmähliche trichterförmige Überführung des kleineren in den größeren Querschnitt (Öffnungswinkel nicht größer als 8°) das Auftreten der energieverzehrenden Randwalzen verhüten und den nach der Theorie zu erwartenden Rückgewinn von Druckhöhe erzwingen, wenn auch selten restlos. Da alle durch örtliche Geschwindigkeitsänderungen bedingten Energieverluste den Geschwindigkeitshöhen $v^2/2\,g$ oder ihrer Differenz proportional sind und dabei der Proportionalitätsfaktor $\zeta$, wenigstens bei Beschleunigung, mit bescheidenen baulichen Mehraufwendungen (kurzes Abrunden oder Brechen der Kanten) kleiner als wenige Zehntel gehalten werden kann, ist Veranlassung zu besonderen baulichen Maßnahmen und Aufwendungen erst bei Geschwindigkeiten über 1 bis 1,5 m/s (also $\frac{v^2}{2\,g} = 0{,}05$—$0{,}11$ m) gegeben, und zwar bei Niederdruckwerken mehr als bei Hochdruckwerken.

Bei den viel höheren Geschwindigkeiten, wie sie an den Regulierorganen von Hochdruckanlagen, wenn auch nur vorübergehend, auftreten können, ist außerdem die Kavitationsgefahr zu prüfen (S. 177) und vor allem durch ausreichende Belüftung zu bekämpfen.

Die wichtigsten der ausführlicher in allen Handbüchern zu findenden[12]) Formeln für die Energieverluste und -beiwerte werden hier wiedergegeben:

Eintrittsverluste bei

a) Beschleunigung (Abb. 22)

$$H_{e1} = \zeta_{e1}\,\frac{v_1^2 - v_0^2}{2\,g}$$

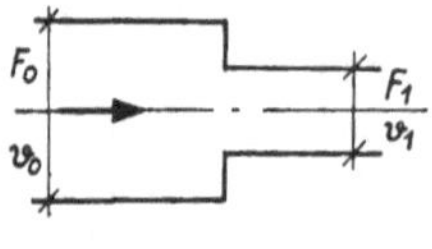

Abb. 22. Plötzliche Querschnittsverengung

$v_0$, die Zulaufgeschwindigkeit vor dem Einlaß, ist bei Zulauf aus einem größeren Staubecken = 0.

Beiwerte $\zeta_{e1}$

Öffnung in senkrechter Wand

| | | |
|---|---|---|
| rechtwinklig | vollkantig | 0,5—0,61 |
| rechtwinklig | mit gebrochenen Kanten, kurz abgerundet | 0,25 |
| rechtwinklig | trompetenförmig | 0,1—0,01 |

12) s. Fußnote 1, 2 S. 32.

b) Verzögerung (Abb. 23 u. 24)

Plötzliche Erweiterung ($v_1$ sinkt auf $v_2$) („Carnotscher Stoßverlust")

$$H_{e2} = \zeta_{e2} \cdot v_2^2/2g$$

$$\zeta_{e2} = \left(\frac{F_2}{F_1} - 1\right)^2.$$

Allmähliche Erweiterung (Diffusor)

$$H_{e3} = \zeta_{e3} \cdot v_2^2/2g \cdot$$

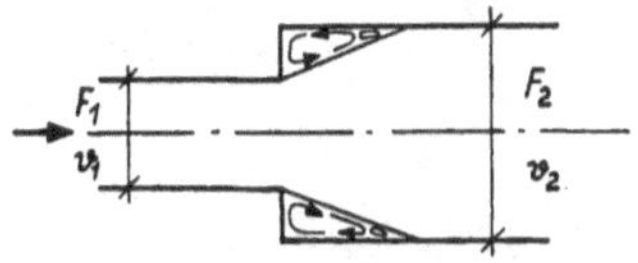


Abb. 23. Plötzliche Querschnittserweiterung

$\zeta_{e3}$ kann nach Böß gleich $\eta \cdot \zeta_{e2}$ gesetzt werden, wobei für Öffnungswinkel unter 30° und geringe Ablösung $\eta$ bei guter Ausbildung des Übergangsstückes von 0,25—0,15 auf etwa 0,1 bei $\alpha = 8°$ heruntergehen kann[13]). Bei $\alpha$ über 30° ist $\eta$ = 0,25—1,0.

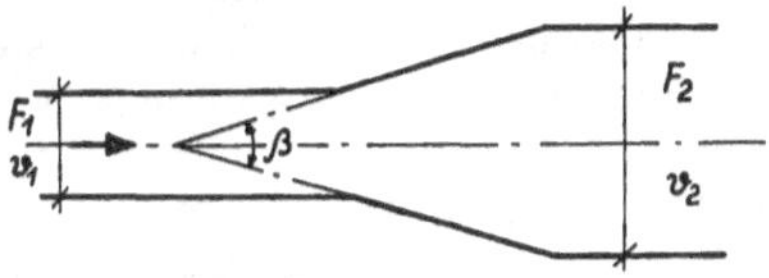


Abb. 24. Allmähliche Querschnittserweiterung

Der Reibungsverlust in den allmählichen Übergangsstrecken der beschleunigten und der verzögerten Bewegung ist jeweils noch besonders (nach Gl. 2) mit der gemittelten Geschwindigkeit $\frac{v_1 + v_2}{2}$) zu berechnen.

dd) Energiehöhenverluste beim Durchströmen von Rechen

Hier folgt (wie übrigens auch bei dem Durchfluß zwischen den Pfeilern eines Kanaleinlaßbauwerks [Abb.25]) auf eine Beschleunigung eine Wiederverzögerung auf einer Strecke, die um so kürzer ist, je mehr die Rechenneigung sich 90° nähert. Neben anderen hat Kirschmer[14])

---

[13]) Dubs, Angewandte Hydraulik. Rascher Verlag Zürich 1946.
[14]) Mitt. hydraul. Instit. Techn. Hochschule München. H. I. Verl. Oldenbourg München 1926.

die Durchtrittsverluste an Rechen im Laboratorium untersucht und folgende Formel für den Energiehöhenverlust $H_R$ entwickelt:

$$H_R = \beta \cdot \sin\alpha \cdot \left(\frac{d}{a}\right)^{\frac{4}{3}} \cdot \frac{v_0^2}{2\,g}\,(\mathrm{m}) \qquad (8)$$

$\beta$ = Formbeiwert,
$d$ = Stabdicke (m),
$\alpha$ = Neigungswinkel der Stäbe,
a = lichter Stababstand (m),
$v_0$ = Fließgeschwindigkeit vor dem Rechen (m/s).
Werte für $\beta$ s. Abb. 26.

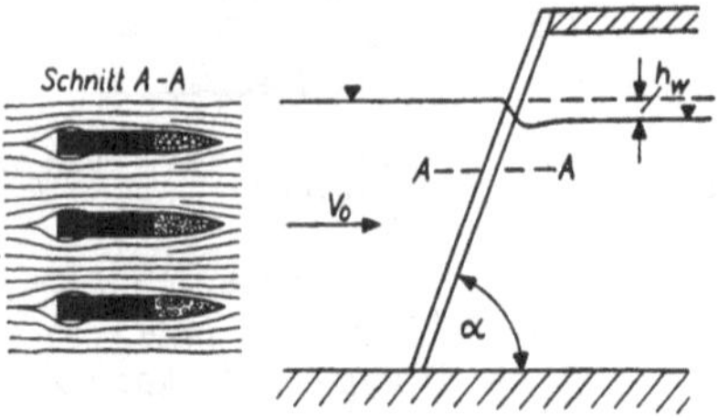


Abb. 25. Rechenfallverluste

Wie Spangler[15]) durch Messungen bestätigt hat, fallen die Verluste bei im Grundriß schräger Anströmung des Rechens wesentlich größer aus.

Die Formeln gelten für völlig unverlegten (reinen) Rechen.

ee) Zusammenfassung der Fallhöhenverluste. Für eine beliebige Wasserführung $Q < Q_v$ kann die Summe aller Energiefallhöhenverluste wie folgt zusammengefaßt werden:

$$\sum H_w = (1/2\,g)\left\{\underbrace{\zeta_{e1} \cdot \left(v_1^2 - v_0^2\right)}_{\text{Eintritt}} + \underbrace{\sum \zeta_{e2} \cdot v_2^2}_{\text{Querschnitts-erweiterung}} + \right.$$

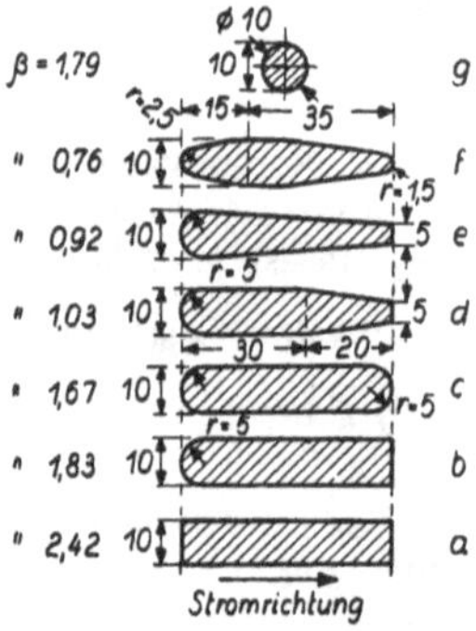


Abb. 26. Querschnittsformen von Rechenstäben und Verlustziffern

15) Spangler, Unters. ü. d. Verlust an Rechen bei schräger Zuströmung. Mitt. Hydr. Inst. T. H. München 1928 H. 2.

$$+ \sum \zeta_k \cdot v^2 + 2\,g \sum \cdot \frac{v^2 \cdot 1}{k_s^2 \cdot R^{4/3}} \Bigg\}$$

Krümmer Wandreibung nach Strickler

Für vollaufende Rohrleitungen kann durchweg $v = \frac{Q}{F}$; $v_n = \frac{Q}{F_n}$ gesetzt werden, so daß geschrieben werden kann:

$\sum H_w = k_B\, Q^2$, worin

$$k_B = 1/2\,g \left\{ \zeta_{e1} \left(1/F_1^2 - 1/F_0^2\right) + \sum \left(\zeta_{e2}\, 1/F_2^2\right) + \right.$$

$$\left. + \sum \left(\zeta_k \cdot 1/F^2\right) + 2\,g \sum \left( \frac{1}{F^2 k_s^2} \cdot \frac{l}{R^{4/3}} \right) \right\} \tag{9}$$

eine nur von den Leitungsabmessungen abhängige „Baukonstante" ist.

Diese Fallhöhenverluste ergeben (Bd. I S. 9) einen Leistungsverlust $N_w = 9{,}81 \cdot \eta \cdot k_B\, Q^3$
und im Betriebsjahr einen Energieverlust

$$E_w = 9{,}81 \cdot k_B \sum_0^{8760} \eta\, Q^3 \cdot \Delta t = 9{,}81 \cdot k_B\, Q_a^3 \sum_0^{8760} \eta \left(\frac{Q}{Q_a}\right)^3 \Delta t =$$

$$= 9{,}81 \cdot k_B\, Q_a^3 \cdot b_m^{(3)} \tag{9a}$$

$\Delta t(h)$ = Häufigkeit des Belastungsgrades $Q/Q_a$ (= Verhältnisses der augenblicklichen Turbinenbelastung $Q$ zur Ausbauwasserführung $Q_a$.)
$b_m^{(3)}$, das kubische Mittel des Belastungsgrades, ist eine „Betriebskonstante".

### b) Schwall und Sunk

(Spiegelschwankungen in offenen Gerinnen)

Beim plötzlichen, völligen oder teilweisen Schließen eines Absperrwerkes oder einer Turbinenanlage in einem

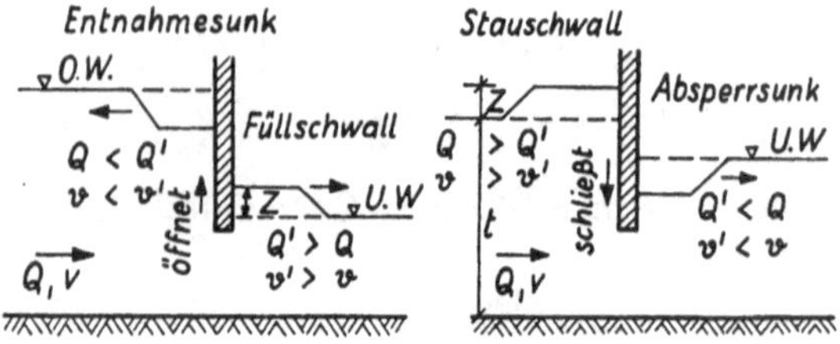


Abb. 27. Schwall und Sunk bei plötzlicher Änderung der Wasserführung von Q auf Q'

Werkkanal oder einer Flußstau-Haltungstreppe (Abb. 27 rechts) bewirkt die Massenträgheit des nachströmenden Wassers eine Drucksteigerung vor dem Hindernis, die sich in einer Hebung des Wasserspiegels, einem Schwall, Luft macht (die am Weiterströmen gehinderte Teilwassermenge [$Q$—$Q'$] wird nach oben herausgequetscht!). In dem Unterkanal hinter dem Absperrwerk tritt infolge der Abdrosselung des Abflusses und des Weiterströmens des Kanalinhalts umgekehrt eine Spiegelsenkung auf. Hebung und Senkung pflanzen sich ihrer Entstehung nach mit Wellenschnelligkeit als „Stauschwall" und „Absperrsunk" stromauf- und -abwärts fort. Der entsprechende Vorgang (Abb. 27 links) ergibt sich, nur mit umgekehrtem Vorzeichen, beim plötzlichen Öffnen des Abschlußorgans; es entsteht ein stromauf laufender „Entnahmesunk" im O.W. und ein stromabwärts laufender „Füllschwall" im U.W. Am oberen und unteren Ende der Haltungen werden die eintreffenden Wellen reflektiert, und das Spiel wiederholt sich so lange, bis die Reibungswiderstände die Wellenenergie aufgezehrt haben. Für den Entwurf der Kanaldämme und des Böschungsschutzes, aber auch für den Schiffahrtsbetrieb auf Kraftwasserstraßen ist es wichtig, im voraus die Höhe angeben zu können, die äußerstenfalls Schwall und Sunk und ihre Laufschnelligkeit erreichen können. Die genauere, auch den Einfluß der Fließreibung berücksichtigende Berechnung gestaltet sich langwierig; wir beschränken uns daher unter Verweis auf Spezialliteratur [16]—[20], insbesondere das alle neueren mathematischen und experimentellen Untersuchungen erfassende Buch von Frank und Schüller, darauf, die genäherte Schwallberechnung in einem reibungs- und gefällelosen Kanal, und zwar von trapezförmigem Querschnitt, wiederzugeben.

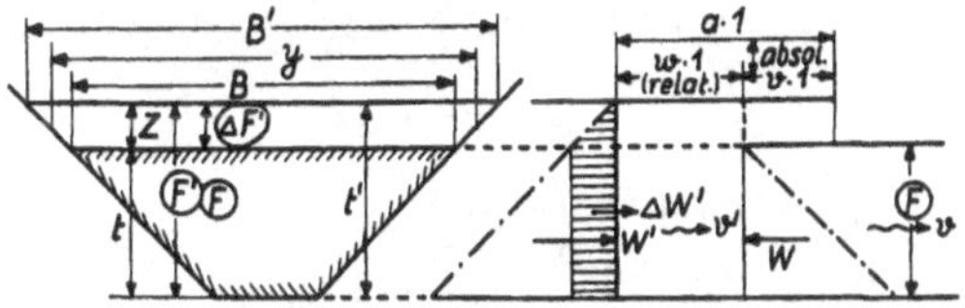


Abb. 28. Zur Ableitung der Schwallhöhe z

Es bezeichnen (Abb. 28):

$Q\ (Q')$ = Wasserführung (vor) nach Durchgang der Welle

$F\ (F')$ = Fließquerschnitt vor (nach) Durchgang der Welle

$t\ (t')$ = Wassertiefe vor (nach) Durchgang der Welle

$B\ (B')$ = Spiegelbreite vor (nach) Durchgang der Welle

$v\ (v')$ = Fließgeschwindigkeit vor (nach) Durchgang der Welle $Q : F\ (Q' : F')$

$z$ = Höhe der Welle, + bei Hebung, — bei Senkung

$w$ = Relativgeschwindigkeit der Welle gegenüber einem mit der Geschwindigkeit $v$ fortschreitenden Beobachter (+) stromabwärts, (—) stromaufwärts

$a$ = absolute Wellengeschwindigkeit bezogen auf einen Punkt des Ufers

---

16) Feifel, Über die veränderliche, nicht stationäre Strömung in offenen Gerinnen, insbes. über Schwingungen in Turbinen-Triebkanälen. Forschungsarbeiten auf d. Gebiet des Ingenieurwesens, H. 205, Berlin, VDI-Verlag 1918.

17) Forchheimer, Wasserschwall u. Wassersunk. Franz Deutike, Leipzig u. Wien 1924.

18) Frank u. Schüller, Schwingungen in den Zuleitungs- und Ableitungskanälen von Wasserkraftanlagen. Verlag Springer, Berlin 1938.

19) Wittmann, Bleines Kraftwerksschwalle und Schiffahrt. Modellversuche für das Kraftwerk Birsfelden. Schweizer Bauzeitung 1953, Nr. 34.

20) Egiazaroff, Wasserkraftanlagen, Bd. 1. Leningrad 1931 (russisch).

$\Delta F'$ = durch Spiegelhöhenänderung bedingte Fließquerschnittsänderung, + bei Hebung, — bei Senkung
$\Delta Q'$ = Änderung der Wasserführung = $Q'—Q$
$y$ = mittl. Schwall- und Sunkbreite = $(B + B')/2$.

Wir betrachten[21]) den Vorgang im Unterkanal beim Öffnen von der anfänglichen Wasserführung $Q$ auf eine größere $Q' = Q + \Delta Q'$ (Füllschwall = Abb. 27 links).

Die Schwallwelle baut sich (Abb. 28) aus der zusätzlichen sekundlichen Wasserabgabe $\Delta Q'$ auf, indem sekundlich ein Raum

$$\Delta Q' = a \Delta F' \tag{10}$$

aufgefüllt wird (Raumgleichung).

Zwischen Absolutgeschwindigkeit $a$ und Relativgeschwindigkeit $w$ der Schwallstirn besteht die Beziehung

$$a = v + w\,. \tag{11}$$

Die Größe von $w$ ergibt sich aus dem Satz von der Bewegungsgröße (Impulssatz). Der mit der Relativgeschwindigkeit $w$ sich fortpflanzende Schwall überdeckt sekundlich je ein weiteres Teilstück der ursprünglichen Wasserfüllung des Kanals vom Volumen $F w$ und beschleunigt es von der ursprünglichen Geschwindigkeit $v = Q/F$ auf die der neuen Wasserführung $Q'$ entsprechende $v' = \frac{Q'}{F'}$.

Die sekundliche Änderung der Bewegungsgröße dieser Wassermasse ist:

$$(\gamma/g)\, F\, w\, (v' - v)\,. \tag{12}$$

Sie muß nach dem Impulssatz gleich sein dem durch den Schwall von der Höhe $z$ erzeugten einseitigen Wasserdruck $\Delta W' = W' - W$ auf den neuen, den Schwall mit umfassenden Querschnitt.

Der einseitige Wasserdruck auf den Schwallkopf kann näherungsweise gleich

$$\gamma \cdot \frac{z^2}{2}\, y \tag{13}$$

---

21) Nach der klassischen Entwicklung von Forchheimer.

gesetzt werden, so daß

$$\Delta W' = W' - W = \gamma \left(z \cdot F + \frac{z^2}{2} \cdot y\right). \tag{14}$$

Damit schreibt sich nun der Impulssatz:

$$(\gamma/g)\, F\, w\,(v' - v) = \gamma \cdot z\,(F + z\,y/2).$$

Die linke Seite läßt sich umformen, da, wie leicht nachweisbar,

$$v' - v = \frac{w \cdot \Delta F'}{F + \Delta F'} = \frac{w \cdot z\,y}{F + z\,y} \tag{15}$$

und somit:

$$\gamma/g\, F\, w^2 \cdot \frac{z\,y}{F + z\,y} = \gamma \cdot (z\,F + z^2 \cdot y/2), \quad \text{wonach:}$$

$$w = \pm \sqrt{g\,(F/y + 3/2\, z + y\, z^2/2 \cdot F)} \tag{16}$$

aus (11) und (16) folgt für die absolute Schnelligkeit

$$a = v \pm \sqrt{g\left(\frac{F}{y} + \frac{3}{2}\,z + \frac{y\,z^2}{2\,F}\right)}. \tag{17}$$

Für kleinere Wellenhöhen $z$ kann das dritte Klammerglied und für ganz kleine auch das zweite vernachlässigt werden.

Die Gleichung (10) ergibt für gegebenes $\Delta Q'$ die Schwallhöhe zu

$$z = \frac{\Delta Q'}{a \cdot y}. \tag{18}$$

Alle Geschwindigkeiten und Schwallhöhen sind mit Vorzeichen zu nehmen, Plusrichtung ist für $v$, $w$, $a$ stromabwärts, für $z$ lotrecht aufwärts.

Für Sunk gelten dieselben Formeln, wobei $z$ und $\Delta F'$ negativ sind.

Bei gegebener Wassermengenänderung $\Delta Q'$ ist $z$ zu schätzen und durch wiederholte Anwendung der Gl. (10) und (16) die Lösung schrittweise zu suchen.

Kurventafeln und Nomogramme können bei umfangreicheren Untersuchungen mit Nutzen verwendet werden.

Allmähliches Öffnen (Schließen) statt plötzlichem, verflacht den Schwall, vermindert aber seine schließliche Gesamthöhe nicht, es sei denn, daß die vom Haltungsende mit umgekehrtem Vorzeichen reflektiert zurückkehrende Welle am Ausgangsort schon vor Beendigung der Öffnungs-(Schließ)-Bewegung wieder eintrifft und der weiteren Wellenerhöhung (— Vertiefung) ein Ende bereitet.

Aber auch unabhängig von der Änderungsgeschwindigkeit der Wasserführung verflacht sich jede Sunkwelle infolge der Abhängigkeit der Wellenschnelligkeit von der Wassertiefe auf ihrem Wege.

### c) Druckschwankungen in Druckleitungen[22] [23])

Beim Schließen eines Schiebers oder Turbinenleitapparates am Ende einer vollaufenden Rohrleitung entsteht wegen der Trägheit der Wassersäule eine Druckänderung, die infolge der Elastizität von Wasser und Rohrwand sich als Druckwelle entgegen der Strömung mit der Schnelligkeit $a_R$ fortpflanzt. Der Vorgang ist dem Absperrschwall in einem Freispiegelkanal äußerlich (aber nicht physikalisch) ähnlich, übertrifft ihn aber hinsichtlich Größe der Druckänderung und Fortpflanzungsschnelligkeit bei weitem und verlangt daher sorgfältigste Berücksichtigung im Entwurf und Betrieb von Turbinenrohrleitungen und -reglern.

Zu einer anschaulichen Vorstellung und zugleich zu einer brauchbaren Näherungsberechnung[23]) gelangen wir beim Betrachten zunächst des einfachsten Falles des vollkommenen und plötzlichen Verschließens des unteren Endes eines mit der Ausgangsgeschwindigkeit $v_a = \frac{Q_a}{F}$ durchströmten Druckrohres der Achslänge $L$, Lichtweite $d$

[22]) Eingehendere, genauere Untersuchungen s. Michaud Bull. Soc. Vaud. Ing. et Arch. 1878. Joukowsky, Coup de bélier, St. Petersburg 1900. Alliévi 1904 u. „Allgem. Theorie d. veränderl. Bewegung des W.", erweit. durch Dubs u. Bataillard, Springer, Berlin 1909. Tölke, Veröffentl. z. Erforschung d. Druckstoßprobleme in Wasserkraftanlagen und Rohrleitungen. Springer-Verlag, Berlin 1949 und 1956.

[23]) Escher u. Dubs, „Theorie der Wasserturbinen". Springer, Berlin 1921. Donat Bánki, „Energieumwandlung in Flüssigkeiten" Springer-Verlag, Berlin 1921.

und der durchweg gleich angenommenen Wanddicke $s$. Die mit der Geschwindigkeit $v_a$ nachströmende Wassersäule denken wir uns aus lauter gleichen Elementen der Länge $dL = a_R\,dT$ zusammengesetzt, die wegen der elastischen Zusammendrückbarkeit des Wassers und Dehnbarkeit der Rohrwand nach dem Schließen des Schiebers der Reihe nach aufeinander auflaufen wie die Wagen eines auf einen Prellbock aufgefahrenen Güterzuges (vgl. Abb. 29). Jedes zum Stillstand kommende Teilchen setzt damit seine mitgebrachte kinetische Energie $\left(\frac{\gamma}{g}\cdot v_a^2/2\cdot F\,dl\right)$ in elastische Formänderungsarbeit seines Wasserinhalts und seines Rohrwandanteils um. Den sich dabei entwickelnden Überdruck $\Delta H_0$ (über dem statischen Ruhedruck $H_0$!) erhält man daher durch Anschreiben der leicht entwickelbaren Ausdrücke für die erwähnten drei Arbeitsgrößen aus der Energiegleichung:

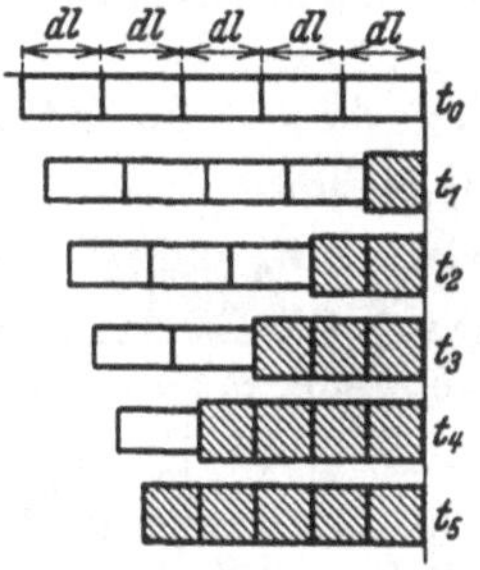

Abb. 29. Schematische Darstellung des Auflaufens einer Wassersäule

$$d A_{kin} = d A_{Wass} + d A_{Rohr} \quad \text{in der Form}$$

$$\Delta H_0 = v_a \sqrt{1/\gamma\, g\,(d/s\cdot 1/E_R + 1/E_W)}\,. \qquad (19)$$

Elastizitätsmaße $E$ für Wasser und Rohrbaustoffe (in Millionen t/m²)

| | | |
|---|---|---|
| Wasser (unbegrenztes)[24] | 0,207 = | $(E_{w0})$ |
| Stahl | 22,0 | $(E_R)$ |
| Gußeisen | 7,5—10,5 | $(E_R)$ |
| Beton | ~1,5 | $(E_R)$ |
| Stollenfelswand | 0,2—8,0 | $(E_R)$ |

Die Schnelligkeit der Druckwelle (Schallgeschwindigkeit) ist nach Newton im unbegrenzten Wasser

$$a_0 = \sqrt{g\,E_{w0}/\gamma} = 1425\ \text{m/s (bei 4° C)}. \qquad (20)$$

[24]) Nach Versuchen von Colladon und Sturm im Genfer See.

Die kleinere, im elastisch nachgiebigen Rohr auftretende, Schallgeschwindigkeit $a_R$ ergibt sich aus der Raumbedingung, daß für jedes strömende Längenelement $dL$ während der Dauer seiner Stillsetzung der Raumgewinn durch Dehnung der Rohrwand $dL \cdot \Delta F$ und durch die Längszusammendrückung des Wasserzylinders $F \cdot \Delta dL$ noch eine Fließwassermenge vom Betrage $F \cdot v_a \cdot \frac{dL}{a_R}$ nachlaufen läßt:

$$dL \cdot \Delta F + F \cdot \Delta dL = F v_a \cdot dL/a_R \,.$$

Mit $\Delta F = F \cdot \gamma d \cdot \Delta H_0/s \cdot E_R$ und $\Delta dL = \gamma \cdot dL \Delta H_0/E_w$ ergibt sich $F \cdot \gamma \cdot dL \cdot \Delta H_0 (d/s \cdot E_R + 1/E_w) = F \cdot v_a \cdot dL/a_R$ oder $\Delta H_0 = v_a/\gamma \cdot a_R (d/s \cdot E_R + 1/E_w)\,.$ (21)

Durch Gleichsetzung der beiden Ausdrücke für $\Delta H_0$ und Auflösung erhalten wir

$$a_R = \sqrt{g/\gamma\,(d/s\, E_R + 1/E_w)} = \text{rd. } 1000 \text{ m/s} \qquad (22)$$

und dies wieder in den oberen Ausdruck für $\Delta H_0$ eingesetzt: $\Delta H_0 = a_R v_a/g \approx 100 \cdot v_a$ ! (23)

Die hiernach bei plötzlichem Abschluß auftretenden Drucksteigerungen sind, da die Rohre von Hochdruckwerken aus wirtschaftlichen Gründen für Geschwindigkeiten $v_a = 4 - 8$ m/s bemessen werden, untragbar hoch; sie würden meistens 100 bis 150 % der statischen Druckhöhe ausmachen.

Um die größte auftretende Drucksteigerung auf praktisch tragbare Werte (meist 0,1 bis 0,2 der statischen Druckhöhe $H_0$) zu senken, schließt man die Schieber allmählich und wählt die Schließzeit $T_s$ so lang, daß die auftretende Druckerhöhung $H_s$ nur einen Bruchteil des bei plötzlichem Schließen auftretenden Wertes $\Delta H_0$ erreicht. Dies wird ohne untragbar große Verlängerung der Schließzeit durch den Umstand ermöglicht, daß am oberen Rohrende, am Wasserschloß, die weitere Entwicklung der Druckwelle unterbrochen und deren Rücklauf, als Entlastungswelle, zum Schieber hin eingeleitet wird. Die Zeit eines Hin- und Rücklaufs $T_R = \frac{2L}{a_R}$ wird als Laufzeit der Rohrleitung bezeichnet, da sie mit den Abmessungen der Rohrleitung $(L, d, s)$ gegeben ist. Wählt man nun die Schließzeit $T$ gleich der $x$-fachen Laufzeit, wobei $x$ größer als 1 sein muß, so wird am Schieber durch das Eintreffen der Entlastungswelle die weitere Drucksteigerung unterbrochen und die dem plötzlichen völligen Schließen entsprechende Überdruckhöhe $\Delta H_0$ nicht mehr erreicht, sondern nur (näherungsweise) ihr Bruchteil

$$\frac{\Delta H_0}{x} = \Delta H_s \text{ [25]}.$$

Damit bei der Rückschwingung nach Eintreffen der Entlastungswelle am Schieber kein Unterdruck in der Rohrleitung entstehen kann, muß $\Delta H < \Delta H_0$ sein, was nach Alliévi erfüllt wird, wenn

$$T_s > \frac{L\, v_a}{g\, H_0} \cdot \sqrt{2}$$

gewählt wird.

Beim Öffnen verlaufen die jetzt zunächst negativen Druckänderungen ähnlich; am Schieber erreicht nach den eingehenden Entwicklungen von Alliévi[22]) der Druckabfall den Wert:

$$\Delta H_{0-} = H_a \left( \sqrt{1 + 2\frac{H_0}{H_a}} - 1 \right),$$

worin $H_a = \frac{v^2\, a_R^2}{2\, g} \cdot \frac{1}{x^2\, H_0}$.

Die dem Druckabfall nach dem Öffnen folgende rücklaufende Überdruckwelle erreicht einen größten positiven Ausschlag $\Delta H_r$, der nur von dem vorher erreichten größten Druckabfall $\Delta H-$ abhängt und nach Alliévi mit

[25]) Nach de Sparre u. Gariel, Rev. Gén. d'El. 21. 9. 1918. Es ist dabei zu beachten, daß die prozentuale Verringerung der Wasserführung wegen der Drucksteigerung anfänglich hinter der prozentualen Verminderung der Schieberdurchflußfläche zurückbleibt, um sie gegen Ende der Schließbewegung zu übertreffen.

guter Näherung durch folgenden Ausdruck ersetzt werden kann:

$$\Delta H_r = 1{,}5 \, |\Delta H_-| \cdot \left(0{,}8 - \frac{|\Delta H_-|}{H_0}\right).$$

Da in Hochdruckleitungen $d$ und $s$ streckenweise verschieden zu sein pflegen, kann man in den vorstehenden Gleichungen statt $d/s$ den Mittelwert

$$(d/s)_m = (L_1 d_1 / s_1 + L_2 d_2 / s_2 + \ldots) / (L_1 + L_2 + \ldots)$$

einführen.

### d) Wirtschaftliche Bemessung der Triebwasserleitungen

Der in einer Triebwasserleitung bei gegebener Werkbelastung und Wasserführung nach Gl. (2) auftretende Fallhöhenverlust durch Wandreibung

$$l \cdot J = l \cdot Q^2 \left(\frac{1}{k^2} \cdot \frac{1}{R} \cdot \frac{1}{F^2}\right)$$

kann durch bautechnische Maßnahmen, die einen der drei in Klammer stehenden Faktoren beeinflussen, verringert werden, nämlich:

1. durch Verringerung der Wandrauhigkeit ($k$) (Betonverkleidung, Putz),
2. durch Vertiefung, Ausrundung der Querschnittsform ($R = F/u$) und
3. durch Vergrößerung der Querschnittsfläche und damit Veringerung der Fließgeschwindigkeit ($v = Q/F$).

Jede dieser Maßnahmen fordert naturgemäß irgendwie erhöhten Baukostenaufwand und entsprechende Steigerung der jährlichen Kapitalkosten ($k_{\mathrm{Tr}}$) der Triebwasserleitung. Die der Verminderung der Energieverluste in der Triebwasserleitung entsprechende Mehrerzeugung des Werkes erbringt (Absatzmöglichkeit vorausgesetzt) eine Vermehrung der gesamten Bruttoeinnahme ($e_v$), die aber nur so weit wirtschaftlich vertretbar ist, als sie die Erhöhung der Jahreskapitalkosten übertrifft, im Grenzfall ihr gerade gleichkommt. Dieser Grenzfall ist, wie Abb. 30 veranschaulicht, durch den Kleinstwert der Summe $(k_{Tr} + e_v)$ gegeben. Der zugeordnete Ausbaukennwert (Profilform, Profilgröße) heißt der wirtschaftlichste. Die Rauhigkeit läßt sich tatsächlich nicht stetig, sondern nur stufenweise verbessern, was aber die grundsätzliche Anwendung der Vergleichsart auf sie nicht hindert.

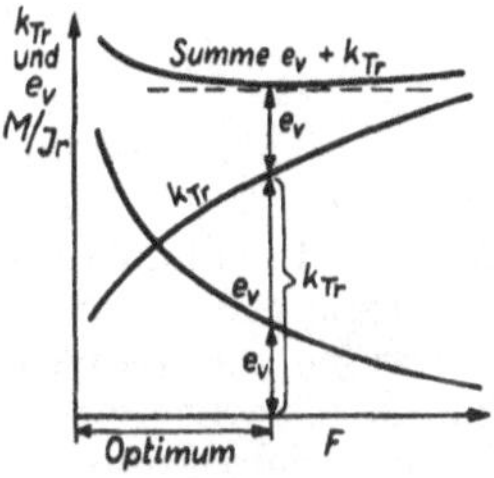


Abb. 30. Ermittlung der wirtschaftlichsten Querschnittsgröße einer Triebwasserleitung

Für eine Triebwasserleitungsstrecke von gleichartigem Querschnitt (Einschnittskanal, Stollen etc.) kann man auf Grund von vergleichenden Kostenüberschlägen die Jahreskapitalkosten zeichnerisch oder sogar formelmäßig als Funktion des nutzbaren Fließquerschnitts darstellen. Ebenso kann man durch Vergleichsrechnungen die Gefällsverluste und aus ihnen die Verluste an Energie und Stromeinnahme darstellen. Damit hat man die Möglichkeit, ein Schaubild nach Art von Abb. 30 zu zeichnen und den wirtschaftlichsten Fließquerschnitt zu bestimmen.

Bei vollaufenden Leitungsstrecken kann man den Energieverlust leicht nach Gl. (9) formelmäßig angeben. Und bei Druckrohrleitungen kann man, wie erstmals Bauersfeld[27]) entwickelt hat, auch die Kapitalkosten der Leitung formelmäßig anschreiben, so daß man folgende Bestimmungsgleichung für den wirtschaftlichsten Rohrdurchmesser ableiten kann:

$$d_{\text{opt.}} = \sqrt[7]{\frac{9{,}3\left(\overline{w}_N + \overline{w}_E \int [Q/Q_a]^3 \, \mathrm{d}t\right) Q_a^3 / n^3 \, \varphi \cdot k_z}{k^2 \, k'_{St} \, H}}^{\,28)} \,. \quad (24)$$

27) Z. f. ges. Turbinenwesen 1907, S. 417.

28) Der Beiwert 0,3 ersetzt den bisher verbreiteten 7,57 nach Ludin WKA Springerverlag 1934, S. 194.

Die Zeichenerklärung und Ableitung sind im Kapitel Rohrleitungen gegeben (S. 122).

### 3. Werkkanäle

#### a) Ausbildung

Die Wahlentscheidung für einen Ausbau mit Erdkanal, die Festlegung seiner Trasse und seine Querschnittgestaltung sind bedingt durch die Form des Geländes und die geologische Beschaffenheit des Untergrundes, ferner durch die Höhe des Grundwasserstandes, die Grundbesitzverhältnisse, vorhandene Hauptverkehrslinien und etwa sonst bestehende wasserwirtschaftliche Anforderungen an den Kanal (Schiffahrt, Bewässerung, Abwässerung). Je nach Lage des seiner Neigung und Höhe nach ziemlich festliegenden Kanalspiegels im Gelände ergeben sich (Abb. 31)

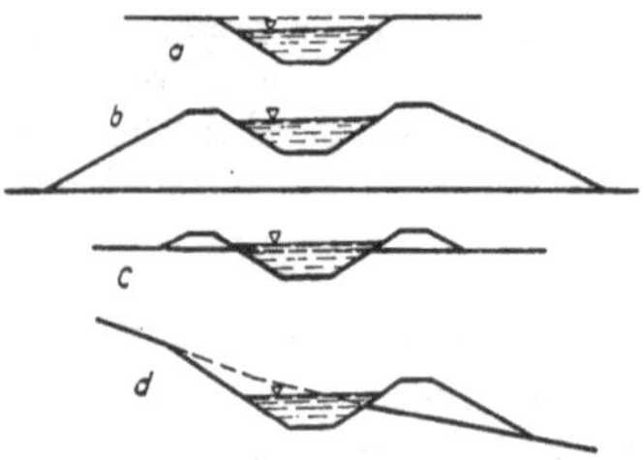


Abb. 31. Typische Lagen eines Erdkanals im Gelände. (Wasserkraftanlagen. Springer-Verlag Berlin 1934)

a) reine Einschnitts-,
b) reine Auftrags- und
c) halb Auftrags-, halb Querschnittsstrecken.

Bei stärkerer Querneigung des Geländes ergeben sich

d) Hangkanäle.

Mit der Sohle bleibt man gern (nicht unbedingt) auf dem gewachsenen Boden. Für das Kraftwerk sucht man nach einem natürlichen Geländeabsatz (Terrassenrand), damit der Unterkanal nicht allzu tief eingeschnitten werden muß.

Das hydraulisch günstigste Kanalprofil ist theoretisch der bordvolle Halbkreis. Von allen Profilformen gleichen wassererfüllten Querschnitts $F$ hat er den kleinsten wasserbenetzten Umfang $u$ und ergibt daher den größten „hydraulischen Radius" $R = F/u$. Mit Rücksicht auf die Standsicherheit der Kanalwände und Ausführungsrücksichten bevorzugt die Praxis jedoch bei Erdkanälen die Trapezform, bei Kanälen in Fels die angenäherte Rechteckform (Abb. 32). Bei gegebener Böschungsneigung ist

(Niagarawerk Sir Adam Beck I, früher Chippawa. Schweiz. Bauztg.)

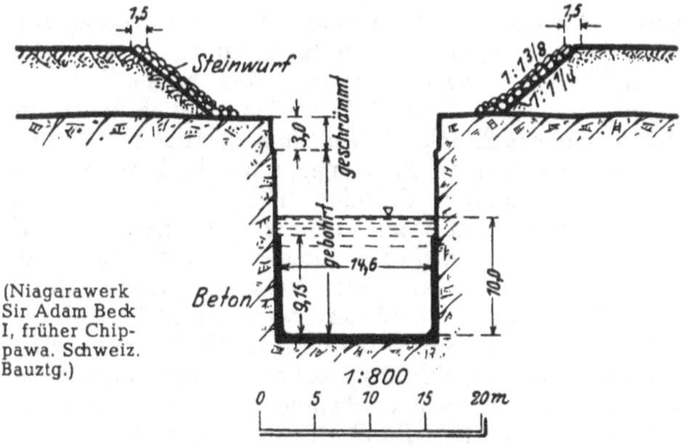


Abb. 32. Kanalprofil im Felseinschnitt

das hydraulisch günstigste Trapezprofil das einen Halbkreis mit Mittelpunkt im Wasserspiegel umschreibende[29]). Von diesen Profilen ist dann dasjenige mit einem Böschungswinkel $\Psi = 60^\circ$ wiederum das allergünstigste. Der hydraulische Radius aller einem Halbkreis mit dem Durchmesser $d$ umschriebenen Trapeze ist, wie beim Halbkreis selbst, $d/4$. Mit $\Psi = 90^\circ$ erhält man das Rechteckprofil, dessen hydraulisch günstigste Form dementsprechend eine Sohlenbreite gleich der doppelten Tiefe aufweist. Alle diese hydraulisch günstigsten Profile sind aber, was oft übersehen wird, nur dann zugleich Profile der kleinsten Aushubmassen, wenn das Gelände eben — waagrecht — und annähernd in Wasserspiegelhöhe gelegen ist[30]).

29) Ableitung s. Weyrauch, Strobel, Hydraulisches Rechnen. 6. Aufl., S. 67.

30) Ludin, Wasserkraftanlagen. Springerverlag 1934, S. 226.

Diese theoretisch günstigsten Profilformen werden außerdem nur in den seltensten Fällen zur Anwendung geeignet sein. Wirtschaftliche und ausführungstechnische Gesichtspunkte lassen oft abweichende Formen als technisch und wirtschaftlich günstiger erkennen. Liegt z. B. der Kanalwasserspiegel tief unter Gelände, so wird man die Sohlenbreite verringern, um den hydraulisch unnützen, über dem Spiegel liegenden Aushubquerschnitt möglichst einzuschränken. Mit zunehmender Einschnittstiefe nähern sich dann die Trapezprofile der Dreiecksform. Aus baubetrieblichen Gründen (90er Spur!) wird man aber die Sohle nicht schmaler als 2—3 m machen. Auch neigt erfahrungsgemäß der untere Teil eines fast dreieckigen Profils sehr zur Verschlammung. Hohe Grundstückskosten, größere Zahl der Straßen- und Wirtschaftsbrücken, Gefahr starker Auskühlung im Winter mit Grundeisbildung lassen gleichfalls möglichste Beschränkung der Spiegelbreite erwünscht erscheinen. Umgekehrt sprechen aber für eine breitere Profilform unter Umständen nach der Tiefe zunehmende Bauerschwernisse, z. B. geologisch ungünstige Schichten und Grundw.-Andrang. Besonders bei größerer Ausbauwasserführung wird leicht aus solchen Gründen die Wassertiefe einer hydraulisch optimalen Querschnittsform zu groß, so daß man die Breite auf Kosten der Tiefe des Wasserquerschnitts vergrößert. Die Schiffahrt stellt in dieser Hinsicht besondere, sehr präzise Ansprüche, wie Mindestwassertiefe 2,5—3,5 m, Mindestbreite in Schiffsbodenhöhe zwei Kahnbreiten zuzüglich eines angemessenen Schutzabstandes zwischen zwei Kähnen und zwischen diesen und den Kanalböschungen. Auch hinsichtlich der Flächengröße des nutzbaren Fließquerschnittes stellt die Schiffahrt bestimmte Forderungen, da sie mit der Fließgeschwindigkeit aus Gründen der Fahrsicherheit gewisse obere Grenzen eingehalten wissen will (etwa 0,7 bei kleineren Kanälen [Neckar] bis neuerdings 1,1—1,2 [Oberrhein] und sogar 1,3 m/s [Donzère-Mondragon]) (Abb. 33). Mit Rücksicht auf ungleiche Gelände-

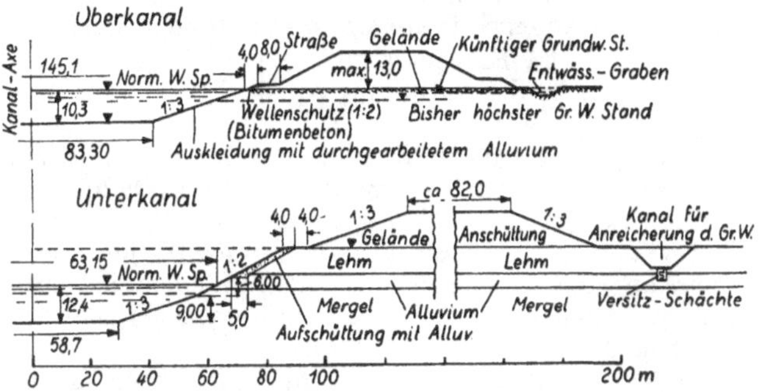


Abb. 33. Normalprofile des Werk-Schiffahrtskanals Donzère Mondragon (Companie Nationale du Rhône). $Q = 1530\ m^3/s$, $I = 0{,}06$ ‰

gestaltung und wechselnde geologische Verhältnisse können im Zuge eines langen Werkkanals streckenweise verschiedene Querschnitte gewählt werden. Auf hydraulisch gute Übergänge, namentlich bei Profilverbreiterungen, ist dabei zu achten (S. 39).

Als Böschungsneigung (1 senkrecht zu *n* waagrecht) von unbefestigten Kanalwandungen kann man, durchschnittliche Verhältnisse vorausgesetzt, unterhalb des Wasserspiegels etwa folgende Werte annehmen:

| | |
|---|---|
| Im Einschnitt in: | |
| Lehm, Ton . . . . . . . . . . . | 1 : 3 |
| stark sandhaltigem Kiesboden . . . | 1 : 2 |
| gutem steinigem Boden, grobem Kies | 1 : 1,5 |
| brüchigem Fels . . . . . . . . . | 1 : 0,5 |
| gutem Fels . . . . . . . . . . . | 1 : 0,1 |

Wasserbenetzte Kanalböschungen in der Auffüllung müssen ohne Befestigung noch flachere Neigungen erhalten. Sie werden aber in der Regel mit einer stützenden und meistens zugleich abdichtenden Auskleidung versehen, wie übrigens vielfach auch die benetzten Einschnittsböschungen.

Die Neigung der nicht vom Wasser benetzten Böschungen wird gewöhnlich in steinigem standfestem Boden

im Einschnitt zu . 1 : 1,25
in der Auffüllung zu 1 : 1,5

angenommen.

Leicht ausspülbare, nicht standfeste benetzte Böschungen kann man durch eine mindestens 30 cm dicke Grobkiesabdeckung sichern. Diese schützt gegen Wellenschlag, läßt wegen der größeren Grenzschleppkraft eine höhere Kanalfließgeschwindigkeit zu und verhindert bei nicht gar zu schnellem Absenken des Wasserspiegels das Abrutschen der Böschungen.

Dieselbe Wirkung (in erhöhtem Maß) haben Decken von Pflaster, Kunststeinen und Beton.

Einfache Verfahren für die bodenmechanische Untersuchung der Standsicherheit von Erdböschungen haben Krey und Ohde angegeben. Beide Verfahren setzen kreisförmige Gleitlinien voraus und liefern den Reibungsbeiwert $\mu_{\text{erf.}} = \text{tg}\,\beta$, den der im Erdbaulaboratorium zu untersuchende Boden mindestens aufweisen muß, damit eben noch einfache Sicherheit als vorhanden angenommen werden kann. Diese Verfahren sind auch bei Einbau stützender Böschungsbeläge (Kies, Beton) für deren Bemessung anwendbar[31]) [32]).

Bermen werden nur dort angeordnet, wo sie betrieblich notwendig sind, z. B. bei tiefen Einschnitten über dem höchsten Kanalwasserspiegel in etwa 1 m Breite als Bedienungswege zur Vornahme von Unterhaltungsarbeiten, zum Auffangen abrollender Steine u. ä. Planmäßige Entwässerung hoher über dem Kanalspiegel liegender Einschnittsböschungen (Unterkanäle!) durch Sickerstränge aus grobem Steinwerk ist, namentlich in tonigem Gelände, sehr wichtig. Höhere Kanaldämme müssen bei feinkörni-

---

31) Krey-Ehrenberg, Erddruck, Erdwiderstand. Verlag W. Ernst u. Sohn. 5. Aufl. Berlin 1936.

32) Ohde, Einfache erdstatische Berechnungen der Standsicherheit von Böschungen. Archiv f. Wawi, Heft 67. Berlin 1943. — Über den Gleitwiderstand der Erdstoffe, 1956. Brosch.

ger oder tonhaltiger Beschaffenheit ähnlich wie Staudämme unter Wahrung des Filterprinzips dräniert werden.

Die Kronenbreite von Kanaldämmen wählt man zu 1,5—2 m, bei zu befahrenden Dämmen mindestens 3,0 m. Diese letztere Breite empfiehlt sich auch bei Herstellung der Dämme im gleislosen Betrieb oder Verwendung von 90 cm Spur. Die Freibordhöhe, das Maß zwischen dem normalen Betriebswasserspiegel bei Vollast und Kanalrand, ist von dem, z. B. bei Schwachlast, beabsichtigten Überstau und der möglichen Wellenbildung abhängig. Die Wellen können vom Wind oder von Schiffen herrühren oder auch als Schwall bei plötzlicher Änderung der Betriebswassermenge auftreten. Bei kleinen Anlagen und Kanalbreiten unter 10 m genügt vielleicht schon eine Freibordhöhe von 0,50 m, bei breiteren Kanälen muß sie größer sein. Bei Auftreten von Stauschwall kann das nötige Maß zum Krafthaus hin zunehmend bis 2,50 m betragen. Durch Anordnung selbsttätig wirkender Entlastung am Krafthaus kann das Freibordmaß begrenzt werden[33]) (vgl. S. 15), (Donzère-Mondragon[34]), Shannon[35]). Ist mit dem Eintritt von Hochwasser in den Kanal zu rechnen, so können sich noch größere Höhen der — dann waagrecht anzuordnenden — Dammkronen ergeben (s. S. 15). Bei hohen Kanaldämmen (über 10 m) werden die Böschungsneigungen aus landschaftlichen und technischen Rücksichten manchmal luft- und auch wasserseitig von der Krone zum Dammfluß verflacht. Die Böschungen oberhalb des Wasserspiegels und auf der Luftseite sowie die Dammkrone werden mit Humusboden (0,15—0,2 m dick) abgedeckt und, s. Slg. Göschen Bd. 597 Verkehrswasserbau II S. 55, zweckmäßig mit im

---

[33]) Birsfelden s. Fußnoten S. 45.

[34]) E. Stambach, Die Kraftwerk- u. Schiffahrtsanlagen Donzère-Mondragon a. d. Rhône. Schweiz. Bauz. 1950, H. 47, S. 656.

[35]) M. Enzweiler, D. Wasserkraftanl. a. Shannon i. Irland. Bautechnik 1950, H. 25.

Handel erhältlichen Spezialgrassamenmischungen eingesät zum Erosionsschutz vor Regen und Wind.

Entlang dem luftseitigen Fuß von Kanaldämmen ist in 3—5 m Entfernung ein Entwässerungsgraben oder Dränstrang anzuordnen, um Sickerwasser, das namentlich am Anfang bis zur natürlichen Dichtung des Dammes durch Verschlämmen auftritt, schadlos abzuleiten, und zwar entweder frei in das Unterwasser des Kraftwerkes oder durch ein Pumpwerk zurück in den Kanal.

Das Sickerwasser wird aber auch benutzt zum Bewässern des Geländes oder zum Anreichern des Grundwassers[36]) im Bereich des tiefliegenden Unterkanals, der sonst weithin ein Absinken des Grundwasserspiegels im Gebiet unterhalb und z. T. auch oberhalb des Kraftwerkes verursachen kann (Bd. I S. 29).

### b) Längsgefälle und Fließgeschwindigkeit

Das Spiegelgefälle der ausgeführten Werkkanäle liegt zwischen 0,05 bis 2 ‰. Kleine Kanäle benötigen wegen ihres kleinen hydraulischen Halbmessers und ihrer relativ höheren Herstellungskosten die größten Gefälle.

Die höchstzulässige mittlere Fließgeschwindigkeit liegt in ungeschützten Erdkanälen in feinerem bis grobem Kiesboden bei 1,0—1,4 m/s. Bei Kanälen mit durch Beton und Pflaster geschützten Böschungs- und Sohlflächen findet man aus Rücksicht auf die Energieverluste selten mehr als 1,8 m/s. Bei in der Ausführung kostspieligen, tiefen Felseinschnittskanälen geht man mit der mittleren Geschwindigkeit auf 2—3 m/s hinauf, wobei zur Vermeidung unwirtschaftlich großer Fallhöhenverluste meist eine Abgleichung oder Verkleidung der vom Wasser benetzten Flächen vorgenommen wird. Andererseits darf die Geschwindigkeit bei sinkstofführendem Wasser auch nicht so klein werden, daß Verlandung und Verschlammung ein-

[36]) In vorbildlicher Weise beim Werk Donzère-Mondragon (Rhône) der Comp. Nationale du Rhône durchgeführt.

tritt. Bei feiner Schlammführung ist die erforderliche Mindestgeschwindigkeit 0,3 m/s.

Um den Wuchs von Wasserpflanzen, der die Fallhöhenverluste sehr stark erhöht, zu erschweren, sind mindestens 0,7 m/s mittlere Fließgeschwindigkeit und, um ihn fernzuhalten, Wassertiefen über 1,5 m notwendig.

c) Abdichtung

Liegt der Kanal in durchlässigen Boden eingeschnitten, dessen niedrigster Grundwasserspiegel unter den Kanalspiegel zu liegen kommt, so muß wegen des energiewirtschaftlichen Wertes des Triebwassers und zur Vermeidung von Schadensersatzansprüchen der Anlieger der benetzte Umriß gedichtet werden. Die Art der Abdichtung hängt von der Höhe des Wasserdruckes gegenüber dem bisherigen Grundwasserstand, von der Bodenbeschaffenheit und von der Möglichkeit der Beschaffung von Dichtungsböden ab. In kiesigsandigen Böden kann bei Einleiten von sinkstoffreichem Wasser (zur Hochwasserzeit) auf Selbstdichtung durch Ausfilterung der im Wasser herangeführten Feinbestandteile gerechnet werden. Durch Einspülen von Schlamm, Lehmbrühe, Kohlengrus kann man dem Dichtungsvorgang nachhelfen. Das Anfüllen des Kanals muß dabei aber sehr langsam, etappenweise betrieben werden, damit der beabsichtigte Erfolg nachhaltig erzielt wird, auch muß das Trübwasser im Kanal ständig in genügender Fließbewegung erhalten werden.

Ist mit ausreichender Selbstdichtung nicht zu rechnen, so muß man eine künstliche Dichtungsschale aus Lehm, Ton, Zement- oder Bitumenbeton einbringen. Hinter jeder Dichtung soll Vorflutmöglichkeit für das Sickerwasser gegeben sein, damit die Kanalwände nicht aufweichen oder die Dichtungshaut beim Entleeren des Kanals nicht abgedrückt werden kann[37]). Eine Ton- oder Lehmschale, mindestens 0,25 m stark, verlangt geeigneten Ton- oder Lehmboden mit 40 bis 55 % feintonigen Bestandteilen

[37]) Über Sickerwasserströmungen s. Dachler in Wasserwirtschaft. Wien 1933, H. 2, 4, 9.

(Abb. 34). Dünne Tonschichten werden in Neigung der Böschung (1 : 2) aufgebracht[38]) und durch schräges Walzen verdichtet; dickere Schichten werden in waagrechten Lagen

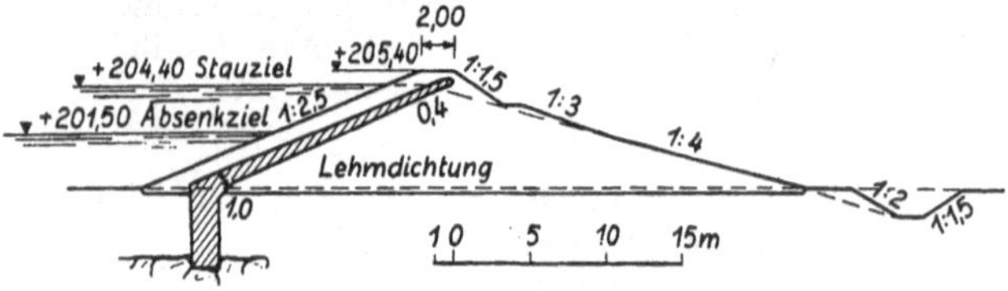


Abb. 34. Rückstaudamm der Anlage Affoldern (Eder). (Siemens-Schuckertwerke A.G.)

von 20—40 cm Höhe geschüttet und so verdichtet. Gegen Ausspülen, Wellenschlag und Austrocknen bei zeitweiser Entleerung erhält die Schale zweckmäßig eine 0,20 bis 0,30 m starke Schutzauflage aus Kies oder geeignetem Aushubboden. Bei Schiffahrts-Werkkanälen deckt man eine einzubauende Ton- oder Betonsohlendichtung mit einer 0,70—1,00 m dicken Anker-Kiesschicht ab und schützt die Böschungen mindestens im Spiegelbereich durch einen Beton- oder Asphaltmörtelstreifen gegen Auswaschung durch Wellenschlag und Schwalle. Statt der Böschungsdichtungen kann man bei Kanaldämmen auch einen Lehmkern vorsehen.

Bei Donzère-Mondragon zog man einer künstlichen Tonschale die nach angestellten Großversuchen ausreichende und billigere Lösung vor, die oberste 1-m-Schicht des Einschnittsprofils mit dem Schürfbagger durchzupflügen und nachzuwalzen, wodurch eine ausreichende Verbesserung der Kornmischung des von Natur zu ungleichmäßig-schichtigen lehmigen Kiessandbodens der Rhônealluvionen erzielt wurde. Zement- und Asphaltbetonbeläge haben vor Ton mit Kiesbelag den zweifachen Vorteil der geringeren hydraulischen

38) Gerstenberger, Neuartige Toneinbauverfahren bei einem Schiffahrtskanal (Böschungsbearbeitungsmaschinen, Verteilung oben angefahrenen Tons durch Kratzband und Aufbringen von Deckkies von unten).

Rauhigkeit, der Zulässigkeit steilerer Böschungen und der Unempfindlichkeit gegen höhere Fließgeschwindigkeiten.

Zementbetondecken werden heute meist rein maschinell mit Spezialmaschinen auf den gleichfalls maschinell genau nachplanierten Erdkörper aufgetragen. Bei von 10 bis 12 cm abgestufter Plattendicke ist die Böschungsneigung meist 1:1,25 bis 1,5 (Abb. 35, 36).

Zur Vermeidung wilder Schwindrisse ordnet man Querfugen in 5 bis 6 m Abstand, bei größeren Querschnittsabmessungen auch Längsfugen an. In Auftragsstrecken werden noch kleinere Fugenabstände ge-

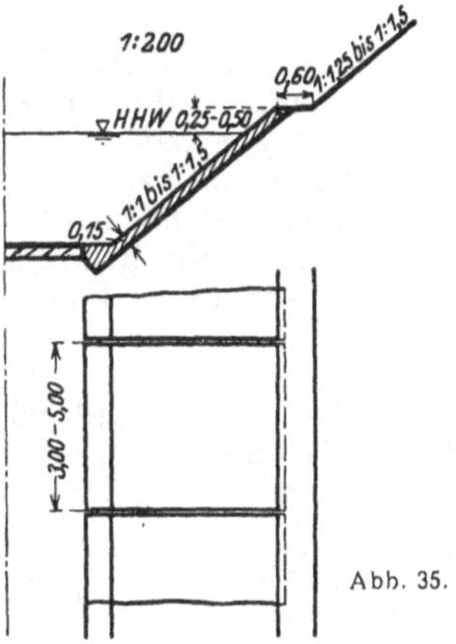


Abb. 35. Kanalprofil mit Ortbetonschale

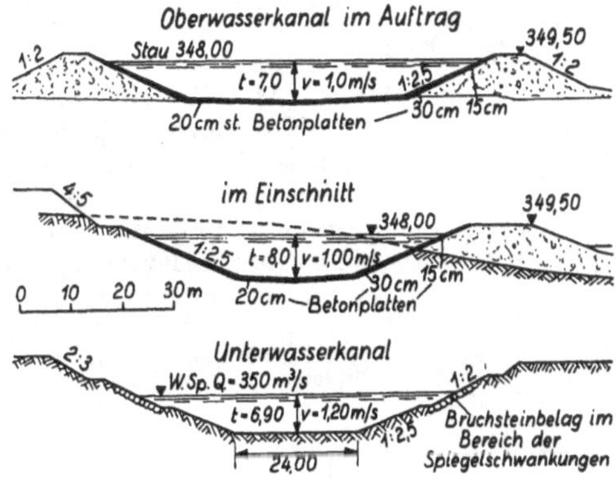


Abb. 36. Werkkanal Wildegg-Brugg (Schweiz) (Schw. Wasser- u. Energiewirtschaft 1950 H. 9)

wählt. Die Fugen werden bei der älteren schachbrettfelder- oder querstreifenweisen Betonierungsfolge mit eingelegten Asphaltpappestreifen abgedichtet. Neuerdings betoniert man in zusammenhängenden waagrechten Längsstreifen, schneidet Querfugen nachträglich ein und vergießt sie mit Asphalt.

Je nach der Kornzusammensetzung des Kiessandes kommt man unter Verzicht auf den teuren und unzuverlässigen Putz mit einem Zementzusatz von 150—200 kg je m³ Fertigbeton aus, wenn man die frische Betonoberfläche nachreibt. Die neuesten Böschungsbetoniermaschinen liefern mit eingebauten Innenrüttlern und höherem Zementzusatz ohne weitere Maßnahmen als eine sorgfältige Nachbehandlung einen von Anfang an vollkommen dichten Beton.

Begleitet eine öffentliche Straße den Kanal, so ist ein Randmäuerchen nach Abb. 38a zweckmäßig.

Bei kleineren Kanälen oder das Betonieren erschwerendem Grundwasserandrang, ferner in Auftragsstrecken können großpflasterartige Böschungsdecken aus vorgefertigten Betonplatten vorteilhaft sein. Sollen sie die Böschung nicht nur stützen, sondern auch dichten, so müssen die Fugen sorgfältig mit Asphalt gedichtet und die Plattengrößen nicht allzu klein gewählt werden. Abb. 37 zeigt eine Ausführung in Oberitalien bei der durch diagonale Fugenanordnung der Vorteil einer guten Vergießbarkeit (mit Zementmörtel) für sämtliche Fugen vom oberen Böschungsrand aus gewonnen wurde.

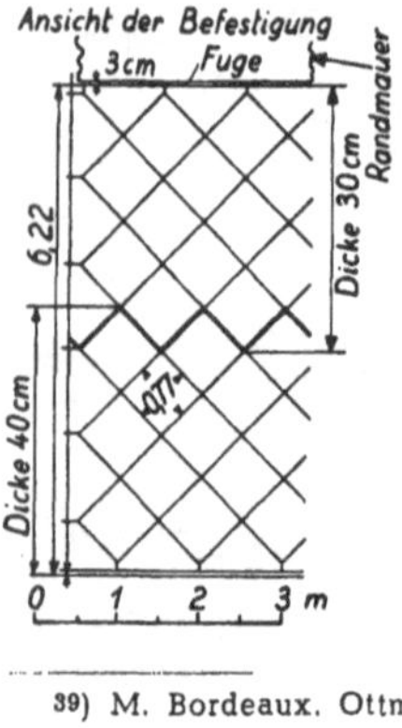


Abb. 37. Böschungsverkleidung mit Platten aus Rüttelbeton, WKA Cimena (Ital.) (L'Energia El. Mai 1951)

39) M. Bordeaux. Ottmarsheim. Le Génie Civil, 1951, H. 10 S. 181.

In dem großen Elsaßkanal[39]) [40]) sind leicht bewehrte Betonplatten der ungewöhnlichen Größe 7,50×3,0×0,09 m — Gewicht 5 t — nach dem „Vacuum Concrete"-Verfahren gefertigt und nach dem Erhärten auf den Böschungen der geschütteten Dämme verlegt worden. Die 3—4 cm breiten Fugen wurden mit Zementmörtel und einer Dichtungsmasse verstrichen. Bietet die Unterlage der Betonschalen nicht genügende natürliche Durchlässigkeit, so ist die Verkleidung auf eine Kiesschicht von 30 cm Dicke zu legen, die Anschluß an Drainageleitungen erhalten muß, wenn hierfür Vorflut vorhanden ist. Andernfalls sind Entlastungsventile in der Sohle oder am Böschungsfuß anzuordnen. Die Kiesschicht bietet gleichzeitig Sicherheit gegen Auffrieren der Betondecke bei abgesenktem Wasserspiegel (Abb. 38). Im allgemeinen bleibt die Betonverkleidung, im Einschnitt angewandt, ohne Stahlbewehrung.

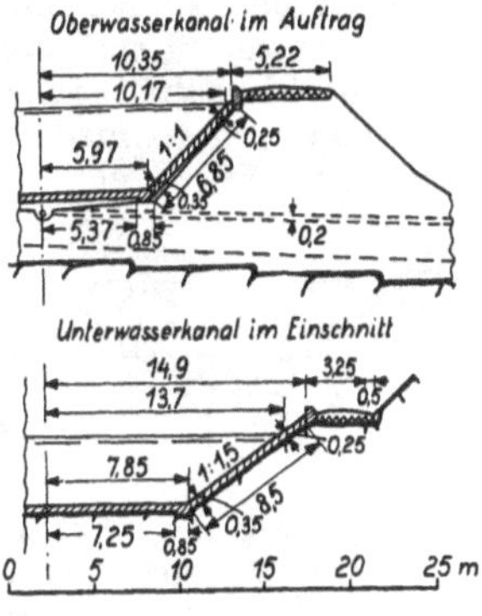


Abb. 38 a.

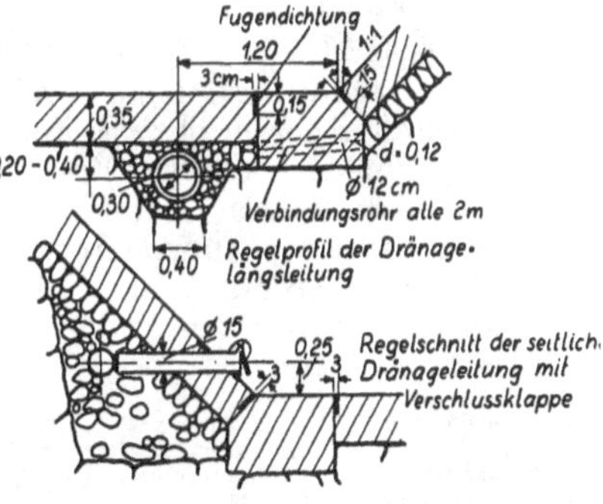


Abb. 38 a/b. Entwässerung des Untergrundes einer Betonauskleidung. (Werkkanal Vizzola-Ital.) (L'Energ. El. Mai 1951)

40) Gentile Bouchet. Fessenheim, Travaux. Mai 1956, S. 231.

Asphaltbetondecken[41][42]) werden meist i. g. 5—7 cm dick (in zwei Lagen) gegossen, neuerdings auch durch Aufspritzen einer Mischung Asphaltemulsion–Zement–Wasser hergestellt und können ohne Fugen ausgeführt werden, da sie schmiegsam sind und sich mäßigen Setzungen gut anpassen. Sie haben sich in der Ausführung als wasserdicht und gegen mechanische und chemische Beanspruchung meistens genügend widerstandsfähig erwiesen

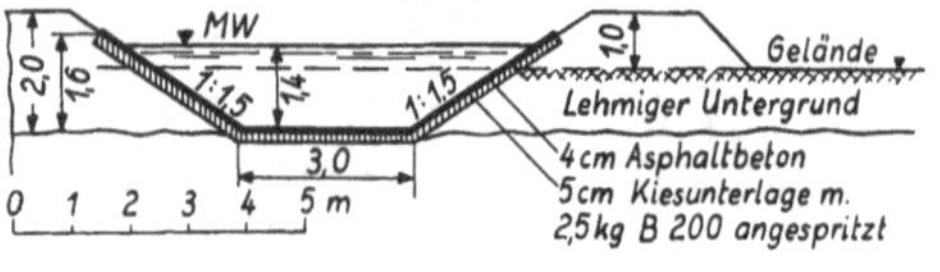


Abb. 39 Asphaltbetonauskleidung (Elstermühlgraben) (Zeitschr. Bitumen Okt. 1950 und Febr. 1951)

(Abb. 39). Bei besonders schwierigen Untergrundverhältnissen kommt auch Eisenbetonauskleidung der Werkkanäle, evtl. im Torkretverfahren, in Frage. Zum Schutz der durch Frost gefährdeten spiegelnahen Zone haben die Innwerke den obersten Streifen der Betondecke ihrer großen Kanal- und Stauhaltungsdämme unter eine 0,50 m dicke Kiesschutzschicht zurückgelegt.

Nachträglich auftretende Undichtigkeit des Untergrundes wurde schon erfolgreich durch Zement- oder Asphalteinpressungen beseitigt[43][44]). Führt der Untergrund aggressives Wasser, so müssen Betonverkleidungen entweder durch Asphaltdecken ersetzt oder, wie beim Boberkraftwerk Deichow, durch Unterlegen mit einer dünnen, dem Einschnittboden aufgespritzten Bitumenhaut geschützt werden[45]).

---

41) Billigere Auskleidungen von Bewässerungskanälen. Bauing. 1954, H. 7, nach Eng. News Rec., H. 19 v. 5. 11. 53, S. 53.

42) W. Becker, Asphaltbauweisen im Wasserbau Frankreichs. Zeitschr. Bitumen. März 1952, H. 2.

43) Haller, Abdichten eines Bewäss.-Kanals durch Einpressen von Asphalt (W. u. Boden, H. 1/2, Hamburg 1951).

44) Tongeleinpressungen gegen Druckwasserquellen bei WKA Ruppertswil-Auenstein. Bericht Gysel u. Blatter No. 31, Talsperren-Kongreß 1948, Stockholm.

45) Deutsche Wawi. 1941, H. 6.

Etwa alle 100—200 m sind Treppen oder Steigeisen vorzusehen, an denen sich ein in den Kanal Hineingefallener herausarbeiten kann. Durch Abzäunung sind Menschen und Tiere möglichst von den gefährlichen Kanalrändern fernzuhalten und Wild allenfalls auf besondere Wechsel (Wildtreppen) zu verweisen.

d) Bauausführung

Bei der Linienführung der Werkkanäle sind die Gesichtspunkte des Massenausgleichs und der Massenersparnis zu beachten. Ein Massenausgleich innerhalb des Querschnittes (Abb. 31) würde herstellungsmäßig günstig sein, ist jedoch aus Gründen der Bausicherheit nicht immer möglich. Wird die Entfernung bei Massenausgleich zwischen Einschnitts- und Auftragsstrecken groß, so ist zu prüfen, ob Seitenablagerung und nahe Seitenentnahme nicht wirtschaftlicher sind. Der gleislose Erdbau hat in neueren Großausführungen seine hohe Wirtschaftlichkeit erwiesen und die wirtschaftliche Wettbewerbsgrenze zwischen reinen Staukraft- und Kanalanlagen wieder etwas zugunsten letzterer verschoben.

Bei der Ausführung von Kanälen im Auftrag und von Hangkanälen in Gelände mit starker Querneigung ist besondere Vorsicht geboten. Bei größeren stauenden Dammhöhen (über ~ 6 m) sind die Aushubmassen, wie bei anderen Staudämmen auch, im Querschnitt nach Korngruppen getrennt zu schütten, die gröberen an die Außenseiten, die feineren in die Mitte des Dammes. Der luftseitige Dammfuß wird aus grobsteinigem Material gebildet. Austritt von Sickerwasser muß im Interesse der Standsicherheit vermieden werden. Der Untergrund ist sorgfältig auf Hangwasser führende und auf wasserstauende rutschgefährliche Schichten zu prüfen und besonders auch oberhalb der Kanalstraße zu entwässern. Grundwasser und Boden sind auf ihre Aggressivität gegen Beton zu untersuchen.

Die Wasserhaltung wird im Oberkanal meist natürliche Vorflut benutzen können, während der Aushub im

Unterkanal gewöhnlich unter maschineller Wasserhaltung im Schutze eines am Kanalende stehengelassenen Erdkeils oder eines künstlichen Sperrdammes oder, wenn der Boden geeignet ist, auch unter Wasser erfolgt.

Die Inbetriebnahme der Werkkanäle muß mit äußerster Vorsicht vorgenommen werden. Die Füllung muß langsam, stufenweise, vor sich gehen, unter sorfältiger Überwachung von Wasserspiegel, Dammfüßen, Dränagen und Außenböschungen; auftretende Mängel sind unverzüglich zu beseitigen, bei Dammbruchgefahr durch stärkere Wasseraustritte, durch Aufweichen des Dammes oder des Untergrundes ist der Spiegel abzusenken, aber vorsichtig langsam. Solange die (auch bei betonierten Kanälen nicht ganz ausbleibenden) Quellen am Dammfuß klares Wasser schütten, besteht nicht unbedingt Gefahr, jedoch sind die Vorbedingungen für eine wirksame Schlämmdichtung zu schaffen oder H.W. abzuwarten.

## 4. Kunstgerinne

Kunstgerinne sind Freispiegelleitungen, deren Wandungen und Sohle als tragende, vom passiven Erddruck unabhängige Konstruktionen ausgebildet sind, im Gegensatz zu den verkleideten oder mit Stützmauern (Abb. 40) eingefaßten Kanälen in Erde und Fels. Sie haben jenen gegenüber den Vorteil, nicht so eng an die Geländeform und Bodenbeschaffenheit gebunden zu sein, und benötigen weniger Grundbreite, so daß sie besonders an Steilhängen zweckmäßig sein können. Sie werden auch oft im Zuge eines Erdkanals oder Stollens zur Überquerung einer Schlucht, einer Straße usw. zwischengeschaltet. Die Querschnittsausbildung ist vielgestaltig: Rechteck, Trapez, Halbkreis, offen oder abgedeckt, überwölbt. Als Baustoffe findet man Bruchsteinmauerwerk, Beton, Stahlbeton, Holz, Stahl oder Duraluminium.

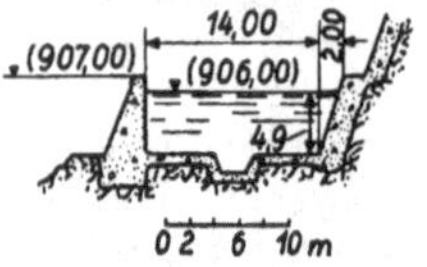

Abb. 40. Kanal mit freistehender Stützmauer (L'En. Elettr. 1949/50)

Die wirtschaftlichste Wassergeschwindigkeit liegt bei den Gerinnen meist zwischen 1,6 und 2,5 m/s. Die Freibordhöhe wird mit 0,20—0,50 m über dem höchsten auftretenden Wasserspiegel gewählt.

a) Beton- und Stahlbetongerinne

Erdkanäle mit Sohlenverkleidung und ein- oder beiderseitigen selbständigen Stützmauern leiten über zu den eigentlichen Gerinnen mit auch konstruktiv selbsttragender Sohle (Abb. 40 gegenüber Abb. 41 ff.).

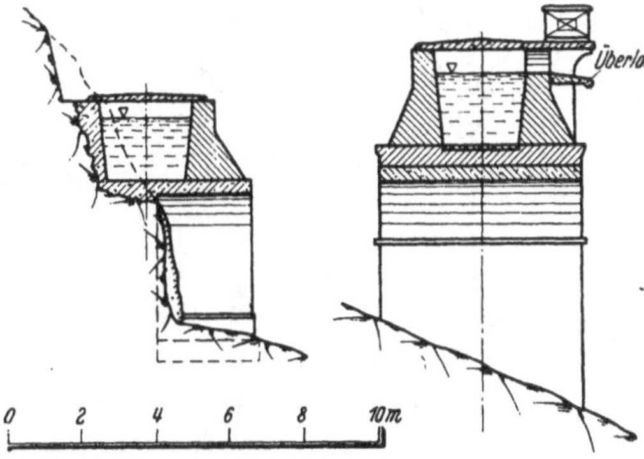


Abb. 41. Sützmauergerinne auf Gewölben WKA. Orego (Elettrotecnica 1923) (nach „Otzen-Ludin", S. 245, Abb. 245)

Die seitlichen Stützmauern werden statt massiv auch als stehende flache Gewölbe zwischen Strebepfeilern oder als bewehrte Winkelstützmauern ausgebildet, und zwar entweder freistehend oder im Einschnitt, wo dann noch aktiver Erddruck aufzunehmen ist. Wenn der Grundwasserspiegel in solchen Einschnittsstrecken über dem Gerinnespiegel liegt, empfiehlt sich, hinter der Mauer eine Dränage mit Entwässerung ins Gerinne anzuordnen.

Bei Talüberquerungen oder am Steilhang werden die Stützmauern auf Gewölbe und Stützpfeiler gesetzt (Abb. 41). Die Stützmauern erhalten gedichtete Deh-

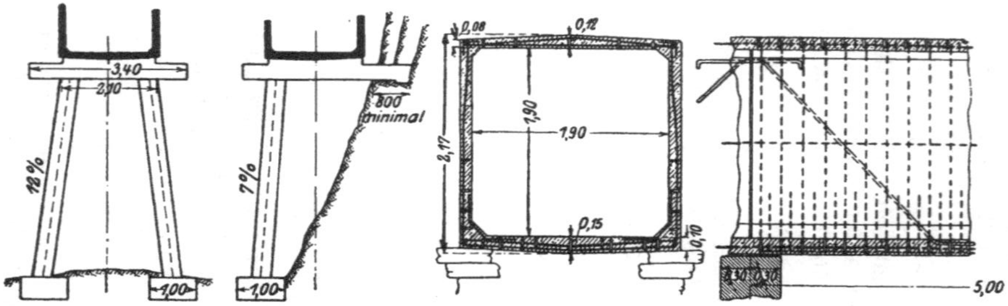


Abb. 42. Kastengerinne, Stahlbeton auf Gerüstpfeilern (Alte WKA Mörel-Brieg) (nach „Otzen-Ludin, Springer-Verlag 1934)

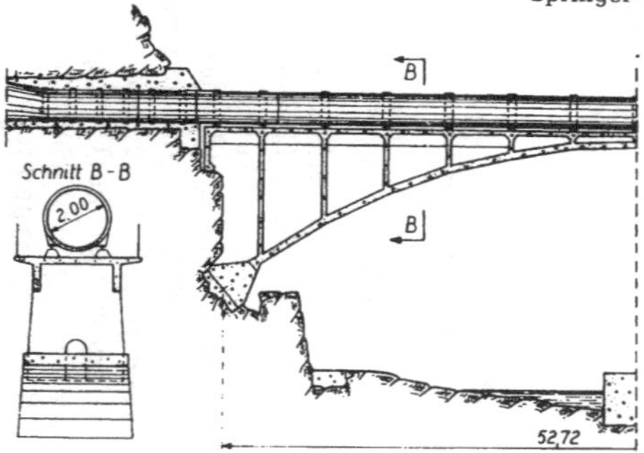


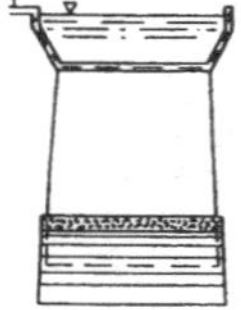

Abb. 43 a. Querschnitt des Brückengerinnes der WKA Chiavi (Itl.), Talüberquerung mit 5 Gewölben mit 31,9 m Pfeilerachsabstand. (Schweiz. Bauztg. 1955 H. 29)

Abb. 43. Druckrohrbrücke über die Piave (Soc. Adr. Di El. 1956)

nungsfugen, im Einschnitt alle 15—20 m, freistehend alle 8—12 m. Wände und Sohle bekommen häufig einen wasserdichten Spritzputz.

Stahlbetongerinne, als geschlossene oder offene steife Rahmen ausgebildet (Abb. 42), eignen sich besonders für Talüberquerungen, wo sie bei großen Spannweiten auf eine Brückenkonstruktion, Balken, Sprengwerk, Gewölbe gesetzt werden (Abb. 43 u. 43a). Die Rahmenkonstruktion wird bei Balken und Sprengwerken mittragend ausgebildet. Geschlossene Rahmenprofile haben den Vorteil, daß sie Laub, Schnee und sonstige Fremdkörper vom Triebwasser fernhalten und gegen zu starke Auskühlung und Eisbildung schützen. Bei Stahlbetonkonstruktionen können die Abstände der Dehnungsfugen angemessen vergrößert werden, wobei aber dehnbare Dichtungen aus Kupferblechen oder Fugenbändern anzuwenden sind.

Eingedeckte Gerinne — in offener Baugrube hergestellt und danach zugeschüttet — bieten wirksamen Schutz gegen Betriebsstörungen durch Laubfall, Steinschlag, Lawinen. Sie ersparen kostspieligen Grunderwerb und haben geringe Unterhaltungskosten (Abb. 44). Auch als Düker findet man Kastenprofile — bei entsprechend niedrigem Innenwasserdruck — an Stelle von Rohrleitungen angewandt.

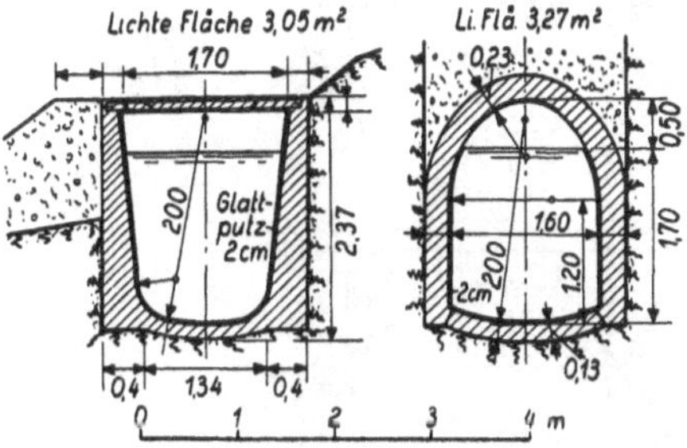


Abb. 44. Geschlossene freiliegende u. eingeschüttete Gerinne der WKA. Amsteg (Schweizer Bauztg. 1925/26)

### b) Holzgerinne

In holzreichen Gegenden oder für untergeordnete Kraftwerke werden heute noch Gerinne aus Holz ausgeführt, die auf Steinpfeilern oder Holzjochen ruhen (Abb. 45). Eine Schwäche der Holzgerinne besteht darin, daß die nicht ständig vom Wasser benetzten Holzteile (Bohlen am Wasserspiegel, Joche unter tropfenden Fugen) begrenzte Lebensdauer haben und laufende Überholung erfordern. Die Holzgerinne erhalten Rechteck- oder, in Verbindung mit Stahlreifen, Halbkreisform (Abb. 46). Besondere Sorgfalt erfordert die sachgemäße Dichtung der Fugen durch Spundung oder Kalfaterung.

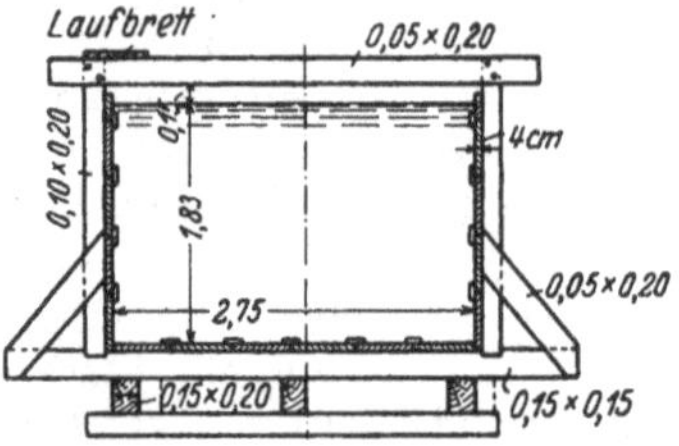


Abb. 45. Kastenförmiges Holzgerinne (nach „Otzen-Ludin", S. 248, Abb. 252)

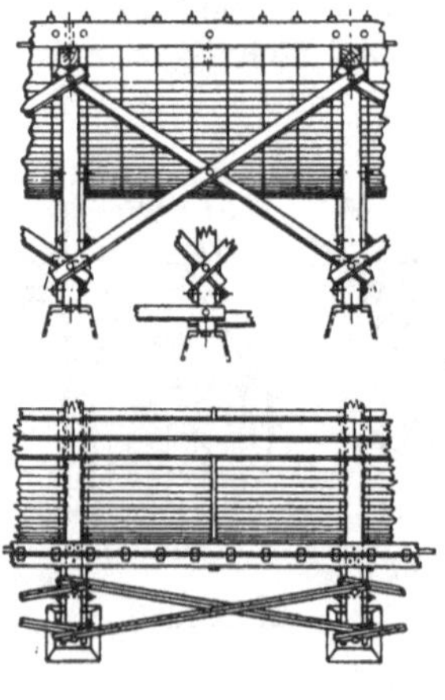

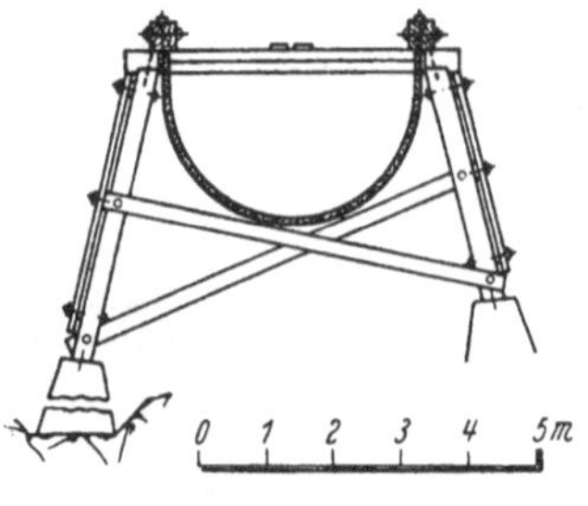


Abb. 46. Holzdaubengerinne auf Gerüstjochen (E. N. R. 1913) (nach „Otzen-Ludin", S. 248, Abb. 254)

### c) Stahlblechgerinne

Gerinne aus Stahlblech werden in Trogform mit ausgerundeten Kanten oder als Halbkreisprofil in Hängereifen auf Quer- und Längsträgern, oft unter Verwendung von Wellblech, konstruiert. In USA, wo sie vorwiegend in Bewässerungsgebieten verwendet und — wie Rohre — serienmäßig geliefert werden, sind Stahlblechhalbkreisgerinne bis zu 3,00 m Radius ausgeführt worden. Ihr Nachteil ist die Empfindlichkeit gegen Rost, vor dem sie am besten durch Asphaltanstrich oder Zinküberzug geschützt werden.

Die Anschlußstellen eines Gerinnes an einen Kanal sind sorgfältig auszubilden und durch nachgiebige Dichtungen (Kupferbleche oder Kunststoff-Fugenbänder) zu decken.

Im allgemeinen finden die Kunstgerinne heute nur bei kleineren Triebwasserleitungen und Beileitungen Anwendung, wobei auch vorgefertigte Formstücke benutzt werden. Größere Hangleitungen wurden in einzelnen Fällen schon nach Erschöpfung ihrer Lebensdauer durch Stollen ersetzt, die weniger Unterhaltung verlangen.

## 5. Stollen und Druckschächte[47—52])

### a) Allgemeines

Die Triebwasserleitung im kostspieligen bergmännisch auszuführenden Stollen statt im offenen Hangkanal oder -gerinne wird oft, namentlich im Gebirge, vertretbar, ja sogar vorteilhaft sein, weil damit allen Gefahren der Hangrutschungen, Steinschläge und Lawinen ausgewichen, die Trasse verkürzt, die Notwendigkeit zahlreicher Kunstbauten für Kreuzungen von Seitenbächen, Forstwegen usw. vermieden wird. Andere Gründe für die Wahl

47) Randzio, Stollenbau. Berlin, Wilh. Ernst & Sohn, 1927.
48) Ludin, Wasserkraftanlagen. J. Springer, Berlin, 1934, Kap. 14.
49) Wiedemann, Stollenbauten. W. Ernst & Sohn, Berlin, 1952.
50) Hetzel, Tunnel- u. Stollenbau in Schleicher, Taschenbuch f. Bauing., Springer, Berlin 1955 Bd. II.
51) Stini, Tunnelbaugeologie. Wien, Springer, 1950.
52) Zanoskar, Stollen- u. Tunnelbau, Wien, Springer, 1950.

einer Stollenlösung auch im flacheren Lande sind Frostgefahr, hoher Bodenpreis, enge Bebauung u. a. m.

Unterfährt die Leitungstrasse eine Neben- oder Hauptwasserscheide, wie bei Überleitungen von einem Einzugsgebiet in ein benachbartes, so stellt ein „Wasserscheidenstollen" meist die einzig mögliche Lösung dar.

Der hydraulischen Wirkungsweise nach hat man dabei noch die Wahl zwischen:

Freispiegelstollen (Abb. 47, 48), in denen das Triebwasser wie in einem Werkkanal, rein unter Schwerkraftantrieb, fließt, ohne den Stollenquerschnitt ganz auszufüllen, und

Druckstollen (Abb. 50), in denen das Wasser, den Querschnitt ganz mit Überdruck füllend, wie in einer Druckrohrleitung fließt.

Triebwasserstollen gestatten, da sie im Berginnern liegen und nicht, wie offen verlegte Triebwasserleitungen, an die Oberflächenform gebunden sind, eine weitgehend freizügige Linienführung, als Druckstollen: nicht nur im Grundriß, sondern auch im Längsschnitt.

Zu- und Ableitungsstollen der Kraftwerke, meistens auch die Beileitungen, erhalten schwaches Gefälle, selten mehr als wenige Meter je Kilometer. An Stelle von Fallrohrleitungen angelegte Druckstollen werden wegen der einfacheren Schutterung meist in Neigungen über 55° bis lotrecht ausgeführt und als Druckschächte bezeichnet.

### b) Freispiegelstollen

Freispiegelstollen als Triebwasserleitungen, Beileitungen usw. werden verwendet, wenn an der Wasserfassung nur geringe Höhenänderungen des Stauspiegels auftreten (Abb. 46a), die betrieblichen Anforderungen an rasche Regulierbarkeit der Wasserführung nur gering sind, auf der Stollentrasse größere Höhenunterschiede im Gelände nicht zu überwinden sind, schließlich auch, wenn die Beschaffenheit des zu durchfahrenden Gebirges keinen Wasserinnendruck zuläßt.

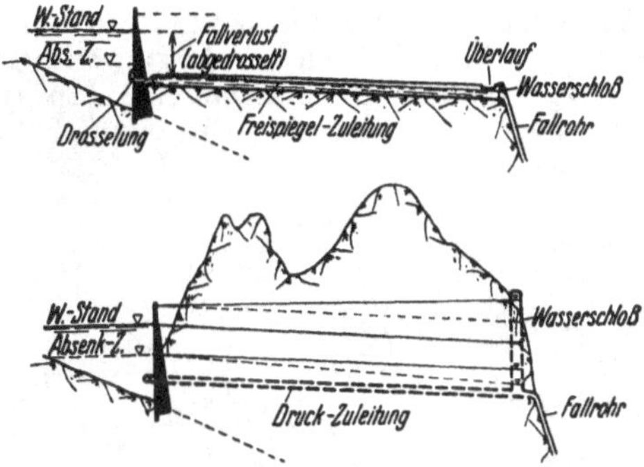


Abb. 46 a. Verschiedene Fallhöhenausnutzung durch Freispiegel- und Druckstollen

Die Querschnittsform des Freispiegelstollens braucht neben der bergmännischen Forderung einfach und billig auszuführender Umrisse und der hydraulischen Bedingung möglichster Völligkeit (S. 52) nur auf die vom Gebirge her wirkenden Kräfte (Gebirgsdruck, Bergwasser) Rücksicht zu nehmen. In standfestem Gebirge findet man daher bei großen Wasserführungen Trogprofile mit flacher bis leicht gewölbter Decke; bei kleineren Wasserführungen, wo schließlich die stollenbautechnischen Ausführungsbedingungen einen Mindestquerschnitt von etwa 3,5 m² zu unterschreiten verbieten, wird die Querschnittsform ein Rechteck mit abgestumpften Ecken. Bei weniger nachbruchsicherem Gebirge sind bei größerer Wasserführung Hufeisenprofile vorteilhaft. Die Entscheidung, ob und wie weit im Umfang eine Auskleidung des Freispiegelstollens nötig ist, muß nach der statischen, hydraulischen und wirtschaftlichen Seite hin geprüft werden.

Bei standfestem und wasserdichtem Gebirge ist eine Verkleidung von Sohle, Seitenwänden und auch der Stollendecke an sich entbehrlich. Eine Betonauskleidung bis knapp über den Wasserspiegel ist bei durchlässigem Gebirge angebracht, um zu hohe Wasserverluste und Geländeschäden zu verhüten. Ferner wird eine teilweise, manchmal sogar auf die Sohle beschränkte Verkleidung ausgeführt, um die Fallhöhenverluste zu verringern.

Häufig begnügt man sich heute mit einem Spritzmörtelbewurf, wo man früher eine möglichst dünne Betonschale (Abb. 47) ausführte.

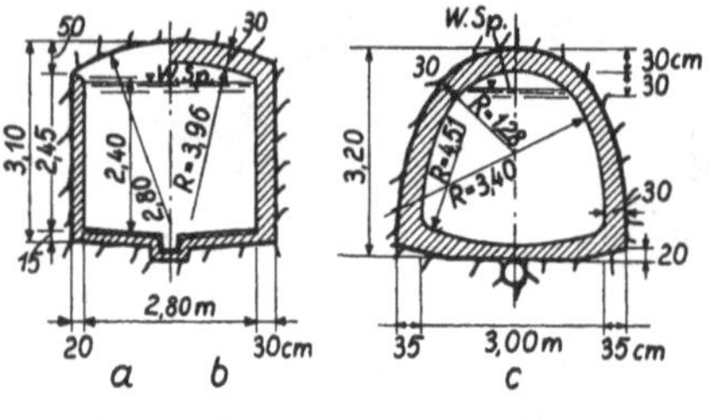


Abb. 47. Freispiegelstollen der Rißbachbeileitung. (Baut. Mitt. d. Bauuntern. Butzer, H. 2, 1950)

Ist das Gebirge nicht standfest, sondern nachbrüchig, oder sogar mehr oder minder druckhaft, dann ist eine statisch ausreichende Betonauskleidung (30 cm und mehr), nötigenfalls sogar mit Stahlbewehrung, erforderlich (Abb. 48). (Die durchschnittliche Schalendicke wird durch den von der Gebirgsart und Schießweise abhängigen „Mehrausbruch“ oft erheblich über das statisch berechnete Maß hinaus ungewollt vergrößert!) Eine hydraulisch

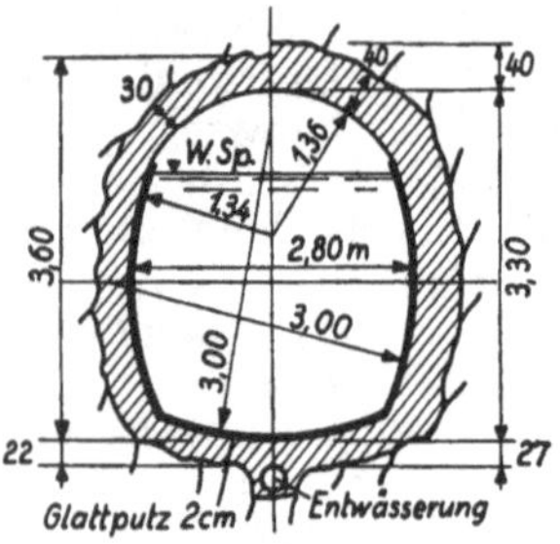


Abb. 48. Freispiegelstollen der W. A. Mörel der Rhônewerke AG. Ernen (Schweiz) (Schweiz. Bauztg. 1943)

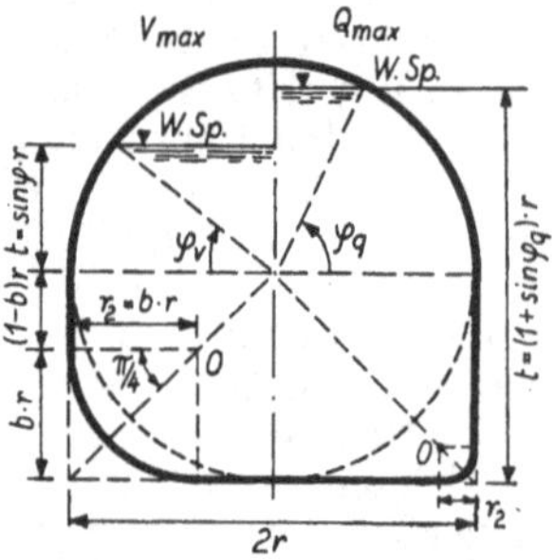


Abb. 49. Freispiegelstollen mit hydraulisch günstigen Querschnittsformen nach Pernt

besonders günstige und auch höheren statischen Anforderungen entsprechende Querschnittsform für Freispiegelstollen hat Pernt[53]) entwickelt (Abb. 49).

Die Fließgeschwindigkeit wird in Freispiegelstollen mit Rücksicht auf die dauernden Fallhöhenverluste meist nicht weit über 2,0—2,5 m/s gewählt. Das wirtschaftliche Optimum wird ähnlich wie bei Druckrohrleitungen (S. 53) gesucht, wobei aber zu beachten ist, daß der Fallhöhenverlust mit nachlassender Wasserführung im Freispiegelstollen nicht wesentlich abnimmt.

### c) Druckstollen

Druckstollen haben gegenüber Freispiegelstollen hydraulische und betriebstechnische, in vielen Fällen entscheidende Vorteile: Die Wasserführung des Druckstollens ist nicht vom Gefälle der Stollensohle, sondern nur von der im Betrieb weitgehend und schnell veränderbaren Neigung der hydraulischen Drucklinie abhängig. Dies erlaubt ohne weiteres Zutun: schnelle Anpassung der Wasserführung an die Schwankungen der Turbinenbeaufschlagung und bei Wasserfassungen mit hohem Aufstau und tiefer Speicherabsenkung (Talsperren) volle Ausnutzung der gesamten jeweils verfügbaren Staufallhöhe, ferner größere Freiheit in der Höhenanordnung des Druckstollens und dadurch bessere Beweglichkeit im Vermeiden geologisch schlechter Gebirgszonen und im Unterfahren von Seitenzuflüssen und -tälern. Das Sohlengefälle kann im Zuge eines Druckstollens wechseln, auch Gegengefälle ist möglich. Hiervon wird bei sehr langen Druckstollen mit Rücksicht auf die Entwässerung während der Ausführung und bei gleichzeitigem Vortrieb von mehreren Stellen aus Gebrauch gemacht. Jedoch ist auf die spätere Entwässerung der Tiefstpunkte der Sohle, z. B. durch Fensterstollen, und womöglich auf die Entlüftung der Scheitelpunkte durch Luftschächte zu achten. Die Trasse eines Druckstollens muß unter Mitwirkung eines praktischen Geo-

[53]) Die Wasserw., Wien, 1925, H. 2.

logen aufgesucht werden. Dabei muß auf dem Betriebsdruck entsprechende Gebirgsüberdeckung und im Hinblick auf die oft tief reichende Zerklüftung des Talhanges auf reichlichen waagrechten Mindestabstand von diesem geachtet werden, ohne Rücksicht auf dadurch bedingte Mehrlängen der in meist 1000—1500 m Abstand anzusetzenden Fensterstollen für Bau und Unterhaltung.

Als Lichtraumumriß kommt bei etwas größeren Stollenabmessungen und höherem Innendruck auf Grund früherer ungünstiger Erfahrungen in der Regel nur der Kreis in Frage. Bei druckhaftem Gebirge kann für kleine Querschnitte bei mäßigem Wasserinnendruck für die Betonauskleidung unter Anpassung an die statische Drucklinie der äußeren und inneren Kräfte auch eine kreisnahe Hufeisenform gewählt werden (Abb. 50).

Bei kleiner Ausbauwasserführung ist ähnlich wie beim Freispiegelstollen ein Mindestquerschnitt einzuhalten, der die Anwendung der kleinsten, eigens dafür entwickelten Schaufellader für die Schutterung erlaubt. Das ist heute mit einem lichten Ausbruchdurchmesser $d = 2{,}2$ m erreichbar.

aa) Bemessung und konstruktive Ausbildung von Druckstollen. Ein naturrauher, unverkleideter Felsstollen und ein sauber verputzter, ausbetonierter Stollen haben nach der Formel von Strickler bei gleichen Druckverlusten gleiche Wasserführungen, wenn ihre lichten Durchmesser sich wie 3 zu 2 verhalten. Dabei verlangt der für eine Dicke des Betonmantels von z. B. 0,35 m notwendige Ausbruchquerschnitt des ausgekleideten Stollens einen mittleren Durchmesser, der nur um etwa 20 % kleiner ist als der des hydraulisch gleichwertigen unverkleideten Stollens. Bei den hohen Kosten einer auf Schalung eingebauten dickwandigen Betonauskleidung würde ihre Anwendung daher rein kostenmäßig oft nicht zu rechtfertigen sein, wenn sie nicht als Abdichtung und Abstützung des meist mehr oder minder

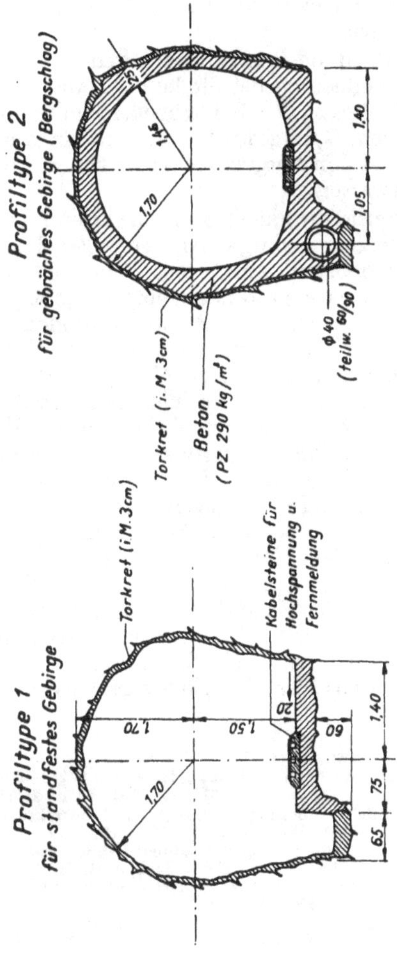


Abb. 50. Regelprofile des Möll-Überleitungsstollens der Tauernkraftwerke A. G. Q = 20 m³/s, Druckhöhe ca. 50 m (Festschrift 1955)

durchlässigen und nicht standfesten Gesteins einfach unentbehrlich wäre.

Bei gebrächem oder gar druckhaftem Gebirge übernimmt nach Entleerung des Stollens die Auskleidung den gesamten Gebirgsdruck. Bei schneller Stollenentleerung kann außer dem Gebirgsdruck auch noch ein Außendruck auftreten, sei es von Bergwasser, sei es von durchgesickertem Betriebswasser.

Den im Betrieb wirkenden Innenwasserdruck hat bei sehr nachgiebigem Gebirge der Betonmantel allein, bei weniger nachgiebigem mindestens zum Teil aufzunehmen. Auch bei nicht grob nachgiebigem Gebirge ist, wie erst die Feinmessungen im Amsteger Stollen nach der Katastrophe des Ritomstollens (1920) gelehrt haben, mit plastischer und elastischer Nachgiebigkeit des Gebirges zu rechnen, so daß auch hier die Betonschale einen mehr oder minder großen Anteil des Innendruckes unter Inanspruchnahme ihrer Zugfestigkeit aushalten muß. Gebrächigkeit, stärkere Nachgiebigkeit und höhere Durchlässigkeit des Gebirges verlangen besondere konstruktive Maßnahmen. Für die rechnerische Ermittlung der Beanspruchungen des einfachen oder bewehrten Betonmantels im Zusammenwirken mit dem Gebirge sind seit den ersten Veröffentlichungen von Büchi[54]), Effenberger[55]), Mühlhofer[56]) verschiedene Verbesserungsvorschläge entwickelt worden[57—60]). Die Anwendung setzt aber die Kenntnis der Festigkeitseigenschaften des Gebirges voraus.

---

54) Schw. Bauz. 1921, H. 6—8.

55) Z. Öst. Ing. u. Arch. Ver. 1923, H. 42/43. S. 269—280.

56) Z. Öst. Ing. u. Arch. Ver. 1921, H. 15, 24/25 u. 26/27.

57) Hutter u. Sulser, Beitrag z. Theorie u. Konstruktion gepanzerter Druckschächte. Schw. Wa. u. En. W. 1947, H. 11/12.

58) H. Kastner, Die Deutung des echten Gebirgsdruckes mit Hilfe d. Theorie d. plastischen Zonen. Schw. Bauz. 1951, H. 7.

59) Ch. Jaeger, Present trends in design of pressure tunnels and shafts. Water power, 1955, H. 2—5.

60) W. Loos u. H. Breth, Kritische Betrachtung des Tunnel- und Stollenbaues und der Berechnung des Gebirgsdruckes. Bauing. 1949, H. 5.

Die Plastizität und Elastizität des Gebirges ist bei der oft im Zuge ein und desselben Stollens außerordentlich verschiedenen Beschaffenheit und Verhaltensweise des Gesteins nur durch umfassende, sehr sorgfältige Voruntersuchungen in eigens anzulegenden Probe- und Versuchsstollen und ausgeschrämmten Nischen, nicht im Laboratorium, zu bestimmen. Die Nachgiebigkeit des Gebirges gegenüber Innendruck ermittelt man heute regelmäßig entweder durch Abpressen mit Wasserdruck wie erstmals am Stollen des Kraftwerkes Amsteg[61]) und später vielen anderen[62]) oder neuerdings auch durch trockenes Abpressen einer mit Druckluft gefüllten Felskammer (Ing. Nonnweiler-Zagreb) oder mit hydraulischen Topfpressen oder Druckkissen [63—66]). Die Versuche zeigen, daß der „*E-Wert*" des Gebirges auf einer Strecke im gleichen Gestein je nach dem Aufbau und der Kraftrichtung sehr verschieden sein kann. Als Grenzwerte in verschiedenen Gesteinsarten kann man etwa 30 000 bis 500 000 kg/cm² angeben. Als Unterlage zur näherungsweisen Berechnung der Abmessungen einer Betonauskleidung empfiehlt sich die Ausarbeitung von Rechenschaubildern, wie sie an Hand der Entwicklungen von Hutter-Sulser Dipl.-Ing. Nützel nach Angaben des Verfassers ausgearbeitet hat (Abb. 50a).

Übliche Ausführungsweisen. Bei niedrigem Betriebswasserdruck (etwa unter 10—15 m Wassersäule) kann in standfestem und dichtem Gebirge auf Stütz- und Dichtungsmaßnahmen ohne weiteres ver-

[61]) Kurzer Bericht über die Druckstollenversuche der Schweiz. Bundesbahnen. Schweiz. Bauz. Bd. 83, 1924, H. 1 u. 3.

[62]) O. Frey-Bär, Die Dehnungsmessungen im Druckstollen des Kraftwerkes Lucendro. Schw. Bauz. 1947, S. 557 u. a. m.

[63]) S. Hörnlimann, Kolbenlose Pressen (Druckkissen) im Bauwesen. Baut.-Archiv H. 1, S. 19, Verl. Ernst & Sohn, Berlin 1948.

[64]) Druckmessungen im Gestein. D. Bauing. 1953. H. 11, S. 409 nach Ann. Inst. Techn. du Bâtiment et des Travaux Publ. 1952, H. 58, S. 965—990.

[65]) H. Breth, Beitrag zur Ermittlung der Gebirgsverformung. Österr. Wawi. 1952, H. 12, S. 251—254.

[66]) Frohnholzer Messungen am Hauptstollen d. Lechspeichers Roßhaupten. Bayr. W. K.-Werke AG. München 1953.

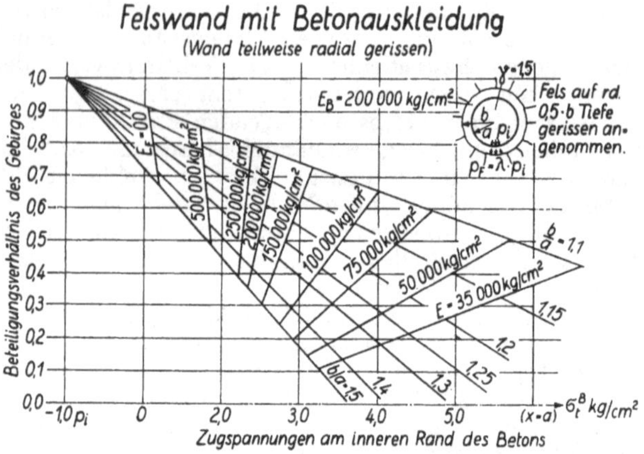


Abb. 50 a. Bemessungsschaubild für Druckstollen

zichtet werden. Um hydraulisch befriedigende Verhältnisse zu schaffen, genügt das Auffüllen der Grobklüfte mit Beton und das Verputzen (Torkretieren) rissiger Flächen. Bei druckhaftem Gebirge bietet die statisch erforderliche Betonauskleidung gleichzeitig genügenden Schutz gegen den niedrigen Wasserinnendruck.

Druckstollen mit mittleren Wasserinnendrücken (etwa bis 100 m WS) verlangen in der Regel eine dichtende Betonauskleidung, deren satter Anschluß an das Gestein durch Hinterpressen mit Zementmörtel sicherzustellen ist. Hierbei wird je nach Bedürftigkeit auch eine schmale Ringzone des umgebenden Gebirges mit ausgepreßt (Abb. 51).

Besonders strenge Anforderungen an die Wasserdichtigkeit der Auskleidung sind in treibgefährlichen Gebirgsstrecken (Anhydrit, Gips) zu stellen (Abb. 52).

Die Erfahrung, daß bei höheren Betriebsdrücken die Hinterpressung des Betonmantels nicht mit Sicherheit das Auftreten von Rissen verhütet, hat in neuerer Zeit zu

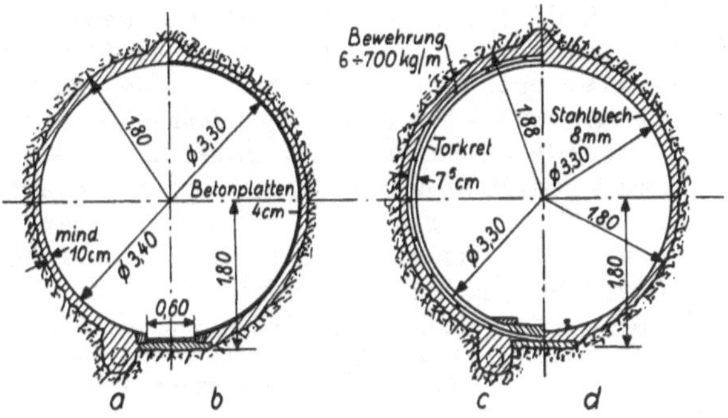


Abb. 51. Druckstollen der WKA. Innertkirchen der Oberhasliwerke. (Schw. Bauztg. 1942, H. 3/6)

verschiedenen Anwendungen des Vorspanngedankens geführt. Das patentierte Kernringsystem von Kieser-Berger[67]) legt in einen äußeren einfachen Betonmantel einen aus Kunststeinen mit 3 cm hohen Abstandswarzen dagegengemauerten Kernring ein, gegen den dann noch der eigentliche innere Betondichtungsmantel

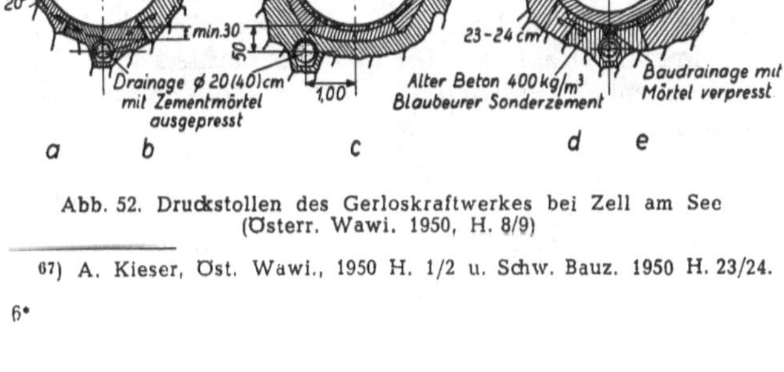


Abb. 52. Druckstollen des Gerloskraftwerkes bei Zell am See (Österr. Wawi. 1950, H. 8/9)

67) A. Kieser, Öst. Wawi., 1950 H. 1/2 u. Schw. Bauz. 1950 H. 23/24.

auf einer Stahlschalung üblicher Art betoniert wird. Schließlich wird der 3 cm weite ringförmige Luftraum zwischen innerem Kunststein- und äußerem Betonmantel in Abschnitten von ~ 5 m Länge unter hohem Druck mit Zementfeinmörtel ausgepreßt, wodurch der innere Beton- und Kunststeinmantel sowie der äußere und die Gebirgsumfangszone unter gegensinnige Vorspannung gesetzt werden, so daß im inneren Mantel unter Betriebsdruck selbst Haarrißbildung verhindert wird.

Das Verfahren ist u. a. im Rheintalstollen und dem Wasserschloß der Schluchseewerke (Bd. I Abb. 58) und im 10 m weiten Hauptstollen Nord der WA Roßhaupten im Lech mit vollem Erfolg angewendet worden.

Ein anderes System (Kunz DPa) benützt Hörnlimannsche Druckkissen[68]), die in vier symmetrisch über den Stollenumfang verteilten Reihen in radiale, schwalbenschwanzförmig profilierte Fugen des viergeteilten Betonmantels eingeschoben[69]) werden.

Ein aus vorgefertigten Sechstelringsektoren zusammengesetzter Stahlbetonmantel mit Vorspannung durch eine mit Spezialmaschine aufgewickelte Spiralbewehrung ist in einer Teilstrecke des Hauptstollens der Hauptstufe Kaprun[70]) unter etwa 80 m/WS anstandslos im Betrieb. Die hier angetroffenen Schwarzphyllite ließen ein Rechnen auf statische Mitwirkung des Gebirges bei der Aufnahme des Betriebswasserdruckes nicht zulässig erscheinen.

Bei weiterer Entwicklung der Vorspannsysteme dürften selbst Hochdruckstollen mit Betriebsdrücken weit über 100 m WS mit unbewehrtem oder mäßig bewehrtem Betonmantel betriebssicher ausführbar sein. Als letzte unbedingt sichere Lösung bleibt für schwierige Fälle immer noch der in den Druckschächten zu hoher Vollkommenheit entwickelte Einbau eines Stahlblechmantels.

---

68) Baut.-Archiv H. 1 1947.

69) Frohnholzer, Der Speicher Roßhaupten .... D. Wawi. Frankh-verlag Stuttgart, 1953, H. 7/8.

70) Nach freundl. Mitteilg. u. Festschrift d. Tauernkraftwerke AG. Salzburg 1951.

d) Druckschächte[71—73])

Ist das Gelände zwischen Wasserschloß und Krafthaus für die bau- und betriebssichere Ausführung einer freiliegenden Druckrohrleitungen wegen Steilheit, Lawinen-, Steinschlaggefährdung u. a. m. ungeeignet, so legt man die Leitung ins gewachsene standfeste Gestein zurück. Hier verlegt man sie entweder — die ältere, heute selten verwendete Anordnung — in einem dauernd begehbar ausgebildeten „Rohrstollen" frei auf Sockeln und Festpunktblöcken, oder man betoniert sie auf volle Länge satt ein und verpreßt den äußeren Umfang des solchermaßen geschaffenen Druckschachtes, um das Gebirge möglichst weitgehend zur Aufnahme des Betriebswasserdruckes heranzuziehen und an Stahl zu sparen. Im Vertrauen auf die hohe Bruchdehnung der verwendeten Stähle bemißt man die Blechstärke so, daß ohne jede Mitwirkung des Gebirges unter dem maßgebenden Innendruck (statischen Höchstdruck + meist 15 % Stoßdruck) die Streckgrenze oder auch 1,5fache Sicherheit in bezug auf die Bruchfestigkeit erreicht wird. Die unter Mit-

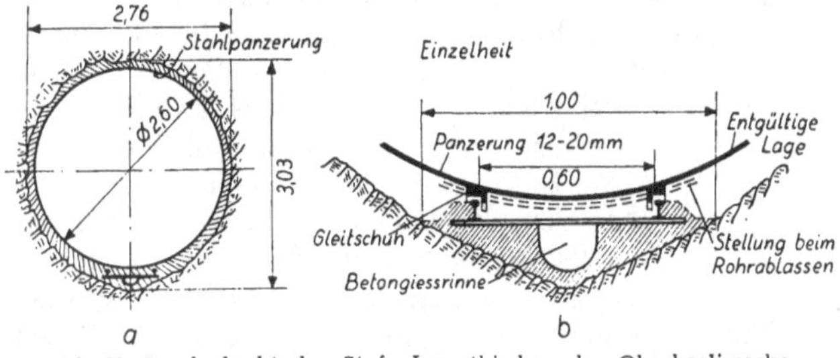


Abb. 53. Druckschacht der Stufe Innertkirchen der Oberhasliwerke (Schweiz) (Schweiz. Bauztg. 1942, H. 3/6)

[71]) Bächtold, Das Kraftwerk Handeck II d. Kraftwerke Oberhasli AG. Schw. Techn. Zeitschr. 1952 H. 27.

[72]) L. Mühlhofer u. C. Reindl, Das Achenseekraftwerk. Wkr. u. Wawi. 1928, H. 19.

[73]) A. Kaech, H. Juillard u. F. Aemmer, D. Kraftwerk Innertkirchen. Sonderdr. Schw. Bauz. 1942, H. 3—6.

wirkung des Gebirges wirklich eintretende Beanspruchung bleibt dann bei sachgemäßem Einbau mit Sicherheit unter diesen Werten (Abb. 53).

Die Montageverhältnisse bedingen eine u.a. vom Rohrdurchmesser abhängige Mindestbleckdicke (beim Rheintalstollen der WA Waldshut mit $d = 6{,}00$ m z. B. $s_k = 14$ mm). Auch die Gefahr des Einbeulens des Blechmantels unter Bergwasser-Außendruck beim Entleeren schreibt eine im Einzelfall festzustellende Mindestblechdicke vor[74]).

Die Stahlrohre werden heute allgemein elektrisch, die im Schacht herzustellenden Quernähte bei nicht allzu großer Bleckdicke ganz von innen geschweißt, was u. a. den wirtschaftlichen Vorteil bringt, daß der mit Beton zu füllende Raum am Felsumfang auf höchstens 25 cm beschränkt werden kann. Die Sicherheit gegen Einbeulen des entleerten Rohrs kann nach Bedarf durch außen aufgeschweißte Spannringe und Verankerung in den Betonmantel hinein erhöht werden. Mit Erfolg hat man auch Entlastungsventile in die Blechwand eingebaut, die das Druckwasser bei Entleerung unschädlich in das Rohrinnere eintreten lassen. Längslaufende Dränrohrer, in den Betonmantel eingelassen, sind von zweifelhaftem Wert, da sie das Auspressen vereiteln oder aber verstopft werden können. Entwässerungs-Schlupfgänge zu nahe unter oder über dem Betonmantel können statisch gefährlich wirken (Gerlos-Katastrophe)[75]).

Beim Druckschacht Castelbello (Italien) hat man trotz bis 330 m WS gehender Betriebsdrücke aus technischen und wirtschaftlichen Gründen statt Stahlblechpanzerung eine Stahlbetonschale als Dichtungshaut eingebaut, die sich im Betrieb bewährt hat. Über vorher angestellte

74) E. Amstützt. Das Einbeulen von Schacht- und Stollenpanzerungen. Schw. Bauz. 1950, H. 9, S. 102 (hier auch S. 110).

75) Jüngling, Gerloskraftwerk u. Fenz, Druckschacht des Gerlos KW.; Öst. Wawi. H. 8/9 Sept. 1950.

Untersuchungen an etwa 1 m weiten Modellrohren berichtete Oberti[76]).

### e) Bauausführung von Triebwasserstollen

Umfassende, sorgfältige Schürfungen, Kernbohrungen, Probestollen oder -schächte sind nach der allgemeinen örtlichen Begutachtung durch einen praktischen Geologen unter dessen ständiger Mitwirkung als Vorarbeiten vor Festlegung und Ausführung des Stollens durchzuführen. Sie müssen eine möglichst genaue Kenntnis der zu durchörternden Gesteinsarten, ihrer örtlichen verschiedenen Beschaffenheit sowie der Druck- und Bergwasserverhältnisse als Grundlage für Planung und Bauausführung bieten. Bei der Bauausführung sind eingehende genaue Aufzeichnungen über die angetroffenen Gesteins- und Bergwasserverhältnisse zu führen als Unterlagen für die spätere Überwachung und Unterhaltung. Die oft große Länge der Stollen neuzeitlicher Hochdruckanlagen (20 km und mehr) macht sie für die Gesamtbauzeit der Wasserkraftanlage bestimmend. Durch Schaffung genügend zahlreicher Zwischenangriffe von Fensterstollen oder -schächten aus und Ausnutzung der neueren großen Fortschritte in der Mechanisierung des Baues auch kleiner Stollen kann man den

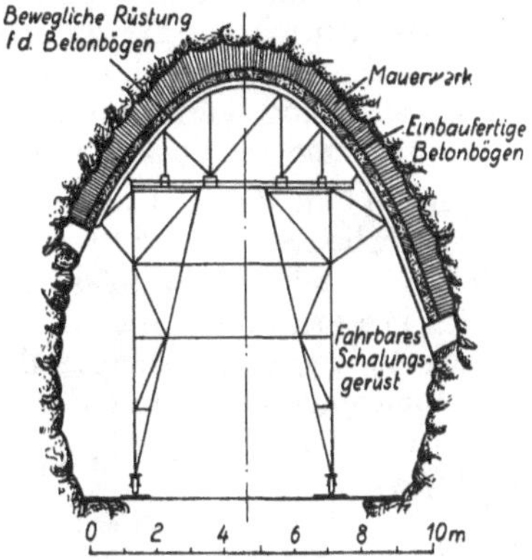


Abb. 53 a. Gemauerte Verstärkungsbögen auf Betonfertigteilen im Unterkanalstollen der WKA Järpströmmen (Schweden)

[76]) La condotta forzata de Castelbello. L'Energ. Elettr. 1953, S. 269.

meist dringlichen Forderungen des Betriebs nach kurzer Bauzeit auch unter schwierigen Verhältnissen weitgehend nachkommen. Im Vollausbruch ging man früher nur bei kleineren Querschnitten (etwa unter 10 m²) vor, bei größeren dagegen mit Richtstollen (Firststollen oder First- und Sohlstollen) mit nachfolgendem Vollausbruch. In den letzten zwei Jahrzehnten ist man aber, vorweg in USA und Schweden, auch bei großen Ausbruchquerschnitten bis weit über 100 m² (Abb. 53 a) — bei hinreichend standfestem Gebirge — mit Vollausbruch vorgegangen, um die Vorteile der Mechanisierung des Bohrens und Räumens unter Einsatz normalgroßer Löffelbagger und vollspuriger Fahrzeuge auszunutzen. Bei nachsturzgefährlichem Gebirge bleibt der dem Vollausbruch vorauseilende Richtstollen notwendig, wenn die neuzeitlichen Abstützmaßnahmen, Gebirgsnagelung oder Einsetzen stählerner oder gemauerter Stützbogen, nicht mehr ausreichen.

Im festen Gestein geht der Vortrieb mit Bohren und Sprengen des Gesteins ohne Ausbau schnell vor sich. Die Bohrlöcher[77]) — meist 30—40 mm Lochdurchmesser — werden mit Stoßluftbohrhämmern auf Dreibeinen (Bohrknechten) oder, bei größeren Stollenquerschnitten, zum gleichzeitigen Abbohren der ganzen Brust mit mehrstöckig am Bohrwagen angebrachten Bohrmaschinenreihen mit automatischem Vorschub hergestellt.

Für die Fortschrittsleistung im Stollenvortrieb ist neben dem Bohrbetrieb die Schutterung, das Aufladen und Abfahren des gelösten Gesteins von entscheidender Bedeutung. Die wichtige maschinelle Räumung ist[78]) [79]) nach Entwicklung von kleinen Spezialstollenbaggern (Salzgitter und Eimco) auch in kleinsten Stollenquerschnitten (3,6 m²

77) v. Rabcewicz-Stockholm, Bohrproblem im mod. Tunnelbau. Schw. Bauz. 1952.

78) F. Meschan, Der vollmechanisierte Vortrieb im Tunnel- u. Stollenbau. D. Bauing. 1955, H. 7, S. 248.

79) G. V. Rodio, Die Mechanisierung in Stollenvortrieben mit Minimalquerschnitt. Schw. Bauz. 1949, H. 25/26.

Ausbruchquerschnitt bei der Riveriswasserleitung der Stadtwerke Trier) anwendbar.

In hartem Urgestein und bei kleinem bis mittlerem Ausbruchquerschnitt sind heute gesamtdurchschnittliche Vortriebsleistungen von 12 m/24 h und mehr bei hochmechanisiertem und straff organisiertem Betrieb möglich[80]). 7—8 m/24 h sind in Schweden in großen Querschnitten von 200—360 $m^2$ erreicht.

Auch die Stollenverkleidung wird heute im weitgehend mechanisierten Betrieb eingebaut. Zementspritzputz wird mit der Zementkanone in mindestens 3 cm Dicke bei einem Zementgehalt von 400—450 kg/$m^3$ und 7—8 mm Größtkorn des Kiessandes aufgebracht. Betonauskleidungen werden nach intensiver Reinigung der Felswände aus plastischem Beton unter Verwendung versetzbarer gehobelter Holz- oder Stahlschalung[81]) hergestellt. Die Betonarbeiten erfolgen von fahrbaren Arbeitsgerüsten aus. Vielfach wird der Beton auch hinter die Schalung gepumpt. Besondere Sorgfalt verlangt der Firstschluß von Druckstollen. Die Betonverdichtung erfolgt mit Innen-und Schalungsrüttlern. Für die Betonmischung werden 240—300 kg Zement auf 1 $m^3$ Beton bei bis 50 mm Größtkorn der Zuschlagstoffe verwendet. Bei hohen Innendrücken erfolgt das Abdichten der Betonschale mit einem 2 cm starken Zementglattputz. Bei angreifendem Triebwasser wird für den Putz Schmelzzement verwendet. Außerdem wird noch vielfach ein zweimaliger Schutzanstrich aufgebracht.

Mit Erfolg wurde bei Druckschachtauskleidungen auch das Prepakt-Betonverfahren angewendet[82]). Dieses beruht darauf, daß ein Kiesgerüst mit 15—88 mm Korn eingebracht wird. — Die Hohlräume (42 %) im Kiesgerüst werden dann mit Prepakt-Mörtel, einem Gemisch aus

80) Water Power, Jan. 1956, Rekord-Wochendurchschnitt: 24 m/24 h.

81) F. Meschan, Zusammenfaltbare Stahlschalung f. d. Möllstollen des Tauernkraftwerkes Kaprun. D. Bauing. 1954, H. 2, S. 50—52.

82) A. Brandestini, Die Verwendung d. Prepakt-Verfahrens bei Druckschachtauskleidungen. Schw. Bauz. 1954, H. 52, S. 755—759.

Portlandzement, Alferit, Feinsand, Wasser und einem Zusatzmittel Intrusion-Aid, unter Druck ausgefüllt.

## 6. Rohrleitungen

### a) Aufgabe und Bauweisen

„Gefällerohrleitungen“ mit freiem Spiegel kommen im Wasserkraftausbau seltener vor, etwa als Hangbeileitungen von Nebenwasserfassungen zum Hauptdruckstollen. Vollaufende „Druckrohrleitungen“ spielen dagegen eine große Rolle, namentlich als steil abfallende Turbinendruckleitungen oder „Fallrohre“ vom Wasserschloß zum Krafthaus.

Für die Konstruktion aller Druckrohrleitungen sind die durch Abb. 54 veranschaulichten statischen Grundbeanspruchungen und nachstehende Beziehungen maßgebend:

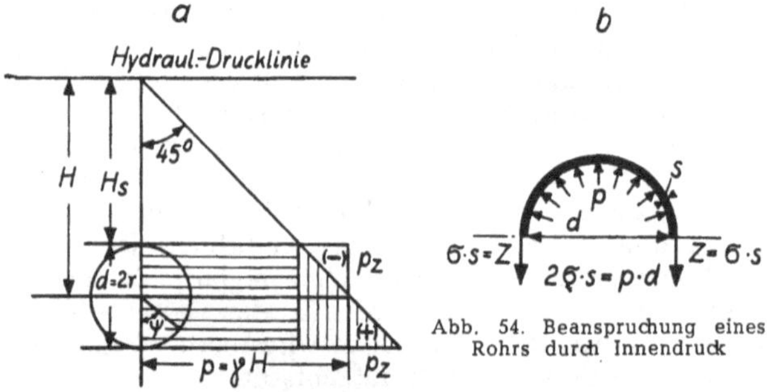


Abb. 54. Beanspruchung eines Rohrs durch Innendruck

Der Überdruck auf einem beliebigen Punkt der Rohrinnenwand berechnet sich aus der Höhe der Drucklinie über der Rohrachse $H$ ($m$) zuzüglich eines Zusatzdruckes, welcher der Höhenlage des betrachteten Punktes unter oder über der Rohrachse entspricht.

$$p = \gamma\,(H + d/2 \cos \psi)\,.$$

Für größere Verhältniswerte $H/d$ als etwa 10 kann der Zusatzdruck vernachlässigt und $p = \gamma \cdot H$ gleichmäßig auf den ganzen Umfang angenommen werden. Dann ergeben sich (freie Beweglichkeit in Achsrichtung vorausgesetzt) infolge des Wasserinnendruckes in der Rohrwand nur allseitig gleiche Rindzugspannungen

$$\sigma = \frac{p \cdot d}{2\,s} = \frac{d}{2\,s}\,\gamma \cdot H \tag{25}$$

(Ring- oder Kesselformel im Bereich der Hochdruckrohre). Niederdruckrohre (Verhältnis $H/d$ unter 10) empfangen durch den Wasserdruck außer den angegebenen Ringspannungen noch beachtliche Biegungsspannungen aus den dem Gewicht der Wasserfüllung entsprechenden, von Rohrachse bis zur Sohle zu- und bis zum Scheitel abnehmenden Zusatzdrücken $p_z = \gamma d/2 \cdot \cos\psi$, die ebenso wie das Eigengewicht der Rohrwand das Rohr abplatten wollen.

(Weitere Einzelheiten der Festigkeitsberechnung von Druckrohren werden weiter unten, auf Seite 106, behandelt.)

In bezug auf die Art des konstruktiven Ausgleichs von Längsspannungen werden unterteilte (oder aufgelöste) und zusammenhängende Rohrleitungen unterschieden (Abb. 55).

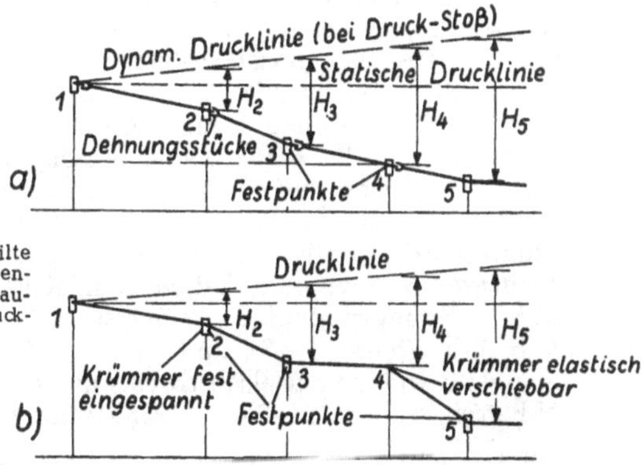


Abb. 55. Unterteilte (a) und zusammenhängende (b) Bauweise der Druckrohrleitung

Durch Unterteilung langer Rohrleitungen in gerade Einzelstränge von 50 bis 250 m Länge, die durch nachgiebige Muffenverbindungen oder Dehnungsstücke druckdicht verbunden werden, wird das Auftreten zu großer achsenparalleler Längskräfte — infolge von Temperatur- und elastischen Querdehnungen — in der Rohrwand vermieden. Zur Aufnahme der unvermeidlichen sonstigen Längskräfte aus Stopfbüchsen-, Auflagerreibung usw. muß jeder Einzelstrang durch einen konstruktiven „Festpunkt“ (meist einen Betonklotz) gesichert werden. Die Trasse ist dabei im Grundriß und Längsschnitt möglichst geradlinig zu führen, da die Festpunkte sonst erhebliche Zusatzkräfte aufnehmen müssen (vgl. S. 112).

Die Dehnungsstücke werden mit Rücksicht auf die etwas einfachere Montage meist dicht unterhalb der Festpunkte angeordnet. Sie können aber auch unmittelbar oberhalb derselben oder, zur Herabsetzung der auftretenden Bewegungen und z. T. auch: Längskräfte auf die Hälfte, in die Mitte zwischen zwei Festpunkten gelegt werden[83]).

Die unterteilte Bauweise wird in Deutschland, Österreich und der Schweiz wegen der Klarheit der statischen Verhältnisse, besonders bei frei verlegten, steil abfallenden und spezifisch hochbelasteten[84]) Rohrleitungen, fast ausschließlich angewandt. Die zusammenhängende Bauweise zwingt die ohne Dehnungsmuffen durchgehenden Rohrleitungen, alle auftretenden achsenparallelen Kräfte voll aufzunehmen und in die Festpunkte zu übertragen. Bei dieser Bauweise, die in Frankreich mit Vorliebe ausgeführt wird, werden unterschieden: eingespannte oder verankerte Stränge mit festgelegten Krümmern, wobei beide Strangendpunkte unverschieblich festliegen (Abb. 55b, Strecke 1—3), und freitragende oder einseitig verankerte Stränge mit elastisch verschiebbaren Krümmern (Abb. 55b, Strecke 2—3—5). Eingespannte Rohrstränge

---

83) Ausgeführt am Teigitschwerk nach Vorschlag Ludins.
84) „spezifische Belastung“ = $p\,d$ ($t/m$).

werden meist bei geringerer Geländeneigung und niedrigerem Wasserinnendruck verdeckt verlegt. Zusammenhängende Leitungen mit elastisch verschiebbaren Krümmern sind vorteilhaft bei stark gebrochener Rohrtrasse und scharfen ausspringenden Geländeknicken. Die sonst unangenehmen, ausspringenden Knickpunkte gestatten hier den Ausgleich der elastischen und Temperaturdehnungen — Knickwinkel am besten 90° —.

Bei der zusammenhängenden Rohrleitung können die Festpunkte in ihrer Zahl und Größe eingeschränkt werden, wenn genügend Knicke in der Linienführung das Ausspielen der Längenänderungen gestatten oder wenn durch Verdecken der Rohrleitungen größere Temperaturänderungen überhaupt vermieden werden.

### b) Verlegungsarten

Die Druckrohrleitungen werden entweder im Boden eingebettet oder, jederzeit zugänglich, frei im Gelände verlegt. Verlegungsart und Bauweise bedingen sich zum Teil gegenseitig. Zusammenhängende Rohrleitungen eignen sich mehr für Einbettung, unterteilte, nachgiebige Rohrleitungen mehr für Freiverlegung. Jede Verlegungsart hat ihre Vor- und Nachteile. Die Entscheidung ist von Fall zu Fall unter Berücksichtigung der besonderen örtlichen Verhältnisse zu treffen.

Frei über dem Boden verlegte Rohrleitungen haben den Vorteil der guten Zugänglichkeit für jederzeitige Überwachung sowie der schnellen Ausführung von Ausbesserungen und Unterhaltungsarbeiten. Undichtheiten und Wasserverluste werden sofort festgestellt. Der für die Lebensdauer wichtige Außenanstrich kann ständig überwacht und nach Bedarf ausgebessert oder erneuert werden.

Nachteilig ist bei der offenen Verlegung, daß die Rohrleitungen den Temperaturschwankungen und Witterungseinflüssen, insbesondere dem Frost im Winter — bei Stillstand: der Gefahr des Einfrierens — ausgesetzt sind. Gegen Kriegseinwirkung und Sabotageakte sind sie weniger geschützt.

Steil abfallende Hänge verlangen meist die offene Verlegung der Rohrleitungen, wenn nicht dem Druckschacht (S. 85) der Vorzug gegeben wird.

### c) Bauarten und Baustoffe

Druckrohrleitungen werden entweder aus fabrikmäßig gefertigten, abgelängten Rohren oder an Ort und Stelle fortlaufend erstellt.

Als Baustoffe stehen zur Wahl:

Stahl, Stahlbeton, Asbestzement und Holz.

aa) Stahlrohrleitungen[85])[86]). Der Werkstoff Stahl findet für Druckrohrleitungen, besonders bei großen Abmessungen und hohen Wasserdrücken, die vorteilhafteste und ausgedehnteste Anwendung. Hierbei werden bei hohen Beanspruchungen alterungsbeständige, kerbschlagzähe und schweißunempfindliche Siemens-Martin-Hochleistungskesselbleche mit großer Bruchdehnung bevorzugt. In Tabelle 3 sind die Werkstoffeigenschaften einiger unlegierten und legierten Stähle zusammengestellt, die für Rohrleitungsbau geeignet sind.

Tab. 3. Eigenschaften verschiedener Rohrbaustähle

| Werkstoff | Zugfestigkeit kg/mm² | Streckgrenze bei 20° C kg/mm² | Bruchdehnung bei $L = 5\ d$ % | Kerbschlagzähigkeit mkg/cm² |
|---|---|---|---|---|
| St 35,8 | 35—45 | 23 | 25 | 12 |
| St 45,8 | 45—55 | 26 | 21 | 9 |
| Kesselblech H II H IIA | 41—50 | 24—28 | 24—20 | 14 |
| Kesselblech 19 Mn 5 (legiert) | 52 - 62 | 32 | 19—16 | |
| HSB 55 Spezial | 55 - 68 | 45 | 22—18 | 6 |
| Aldur 50 | 50—60 | 34 | 25 | |
| Cr-Cu-Stahl | 55—65 | 32 | 18 | 7 |

85) Stradtmann, Stahlrohr-Handbuch. Vulkan-Verlag Dr. W. Classen, Essen 1952.

86) Sonderheft Öst. Stahlbautagung 1955. Z. d. Öst. Stahlbauvereins.

Angesichts der Druckstoßgefahr sind große Bruchdehnung und Trennbruchsicherheit besonders wichtig. Die durch Ultraschall auf Werkstoffmängel untersuchten Stahlbleche werden in der Werkstatt fertig gebogen (kalt bei $\frac{d}{s} \geqq 100$, sonst warm) und durch Nieten oder, heute vorwiegend, durch Schweißen zu einzelnen Rohrschüssen zusammengesetzt, soweit es die Transportmaße erlauben. Auf der „Rohrstraße" im Gelände erfolgt dann die Montage und Verbindung der einzelnen Bleche oder Rohrschüsse durch Nietung oder Schweißung, Muffen, Flansche zur geschlossenen Rohrleitung (Abb. 56).

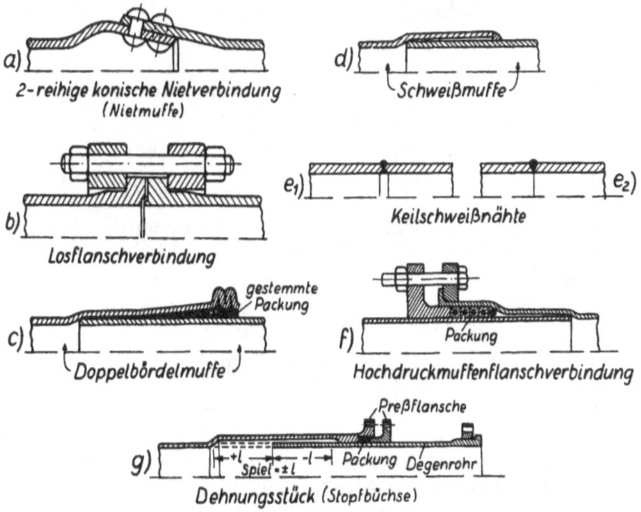


Abb. 56. Stoßverbindungen für Stahldruckrohre

Nietnähte werden je nach der Beanspruchung 1—3-reihig hergestellt. Die Nietköpfe sollen zur Vermeidung zusätzlicher Fallhöhenverluste nicht in das Lichtraumprofil ragen. Die Nähte — einfach überlappt, einseitig verlascht oder doppelt verlascht — werden, um dicht zu halten, verstemmt, was eine Mindestwanddicke von 6—7 mm bedingt. Die größte Wanddicke erreicht bei genieteten Rohren 30 mm, in Sonderfällen 40 mm.

Bei geschweißten Rohren werden unterschieden: wassergasgeschweißte, Wanddicke 5—80 mm, elektrisch geschweißte, Wanddicke 5—60 mm, und autogengeschweißte Rohre für kleinere Drücke und Abmessungen, Wanddicke 5—25 mm. Die Wassergasschweißung wurde auf Grund der Erfahrungen im Rohrleitungsbau seit 1930 zunehmend durch die elektrische Schweißung ersetzt, deren Technik seither große Fortschritte gemacht hat[87]). Die Schweißnähte werden stumpf, keilig oder überlappt hergestellt. Sie werden durch Röntgenaufnahmen oder mit Itosopen umfassend auf Fehler überprüft. Nach der Schweißung werden die Rohre ausgeglüht, um die inneren Spannungen zu verlieren.

Nahtlose Rohre können nach dem Aufweite-Verfahren für Durchmesser bis an 1,50 m bei 6 mm Wanddicke hergestellt werden. Für sehr große Druckhöhen verwandte man in Deutschland früher sogenannte bandagierte Rohre mit heiß aufgeschrumpften Reifen, die dem Innenrohr eine Druckvorspannung aufzwangen. Durch die Fortschritte der Technologie der Stahlrohre (große Blechdicken, hochwertige Stahlsorten) ist diese kostspielige Ausführungsart stark zurückgedrängt worden. Der französische Rohrleitungsbau hat „autofrettierte" Rohre entwickelt mit kalt aufgeschobenen Bandagen und hydraulisch aufgeweitetem Blechmantel, die aber durch ihre Welligkeit höhere Fallverluste hervorrufen. Auch Rohre mit vorgespannten Drahtseilringen oder -spiralwicklungen werden noch verwendet. Aus USA sind genietete und auch geschweißte Rohre mit spiraliger Längsnaht auch nach Europa vorgedrungen; sie sind jedoch im Großwasserkraftausbau nicht verbreitet.

---

87) W. Müller, Erfahrungen mit Kesselblechen im Druckleitungsbau. Techn. Rundschau, Sulzer, Schweiz 1951, H. 2

Überall, wo die geologischen Verhältnisse die Heranziehung des Gebirges zur Aufnahme eines erheblichen Teils des Wasserdruckes erlauben, kann man heute auch den stahlsparenden Druckschacht an Stelle der bei großen Fallhöhen und Wasserführungen sehr kostspieligen freiliegenden Druckrohrleitung anwenden. In diese Entwicklungsrichtung weist auch die wachsende Bevorzugung des Krafthaushohlbaues, der seine vollen, auch wirtschaftlichen, Vorzüge meist erst in Verbindung mit dem Druckschacht entfaltet (vgl. S. 168).

Bei Strangspaltungen werden die Hosenrohre oder Abzweigungsstücke heute in geschweißter Stahlblechkonstruktion mit äußeren Versteifungskragen hergestellt[88]) [89]) (Abb. 57). Eine andere Ausführungsart ist die Verteilerkugel mit inneren hydraulischen Leitwänden mit Druckausgleichlöchern.

Schutzanstriche[90]). Stahlrohrleitungen erhalten innen und außen als Rostschutz fest haftende, widerstandsfähige elastische Anstriche, die heute vorwiegend auf Bitumen- oder Teerpechöl - Grundlage hergestellt werden. Mennige - Anstriche werden nur noch in untergeordneten Fällen angewendet. Rohrleitungen, die in aggressive Böden verlegt werden oder bei

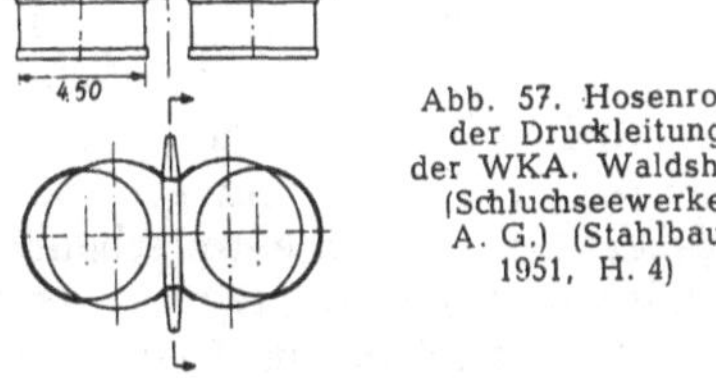

Abb. 57. Hosenrohr der Druckleitung der WKA. Waldshut (Schluchseewerke A. G.) (Stahlbau 1951, H. 4)

88) H. U. Freymark u. A. Rinner, Entwurf und Bau eines geschweißten Hosenrohres. Der Stahlbau 1951, H. 4.

89) C. Föckeler, Die Druckrohrleitung des Lech-Speicherkraftwerkes Roßhaupten. Der Stahlbau, 1056, H. 1 u. 2.

90) W. Ohurger, Zum Korrosionsschutz von Rohrleitungen E. u. M. 1953, H. 2.

denen mit vagabundierenden Strömen gerechnet werden muß, bekommen zum Schutz auf den Grundanstrich eine Isolierung, bestehend aus 1,5 mm starker Bitumenmasse, Umwicklung mit imprägniertem Glasfasergewebe und 2 mm dicker Heißbitumenschicht. Vor Aufbringen der Anstriche werden die Rohre sorgfältig von Rost und Zunder gereinigt, heute nur noch mit Sandstrahl. Der Grundanstrich erfolgt im Werk. Der Isolierschutz wird im Werk oder, bei großen Rohrabmessungen, auf der Baustelle durch Spezialmaschinen aufgebracht.

Außenflächen von Rohrleitungen können auch statt des Bitumenheißanstriches mit mehrfach aufgebrachten Kunstharzschichten, die besonders widerstandsfähig sind, gestrichen werden[91]).

Vorteile der Stahlrohre sind: große Festigkeit, einfache Bauausführung, geringe Empfindlichkeit gegen Druckstöße. Es sind heute schon spezifische Belastungen $\gamma H \cdot d = 2000$ t/m erreicht. Ihre schwachen Seiten sind: die Rost- und Inkrustationsneigung, Empfindlichkeit gegen chemische Angriffe des Wassers und Bodens, große Wärmeleitfähigkeit, geringe Widerstandsfähigkeit gegen Außendruck, unvollkommene Materialausnutzung bei niedrigen Betriebsdrücken.

bb) Stahlbetonrohre[91]). Betonrohre ohne Bewehrung werden zu Turbinenrohrleitungen wegen der Empfindlichkeit gegen Druckstöße nicht mehr verwendet, sie erhalten vielmehr heute mindestens eine einfache oder doppelte Ring- und eine den Transport- und Verlegebeanspruchungen entsprechende Längsbewehrung aus Rundstahl. Bis zu Lichtweiten von 2,5 m zieht man meist den Zusammenbau aus 3—6 m langen, im Röhrenwerk maschinell gefertigten Einzelrohren vor, die durch Glocken- oder Überschiebemuffen druckdicht verbunden werden

[91]) E. Marquardt, Fortschritte bei Bemessung und Bauausführung v. Beton- u. Stahlbetonrohren. D. Bauwirtsch. 1952, H. 44 u. 46 und Betonkalender 1952, Berlin.

(Abb. 58). Bei größeren Lichtweiten (Ausführungen haben schon $d = 6{,}0$ m überschritten) wird die Rohrleitung auf einer Bettung aus unbewehrtem Magerbeton als zu-

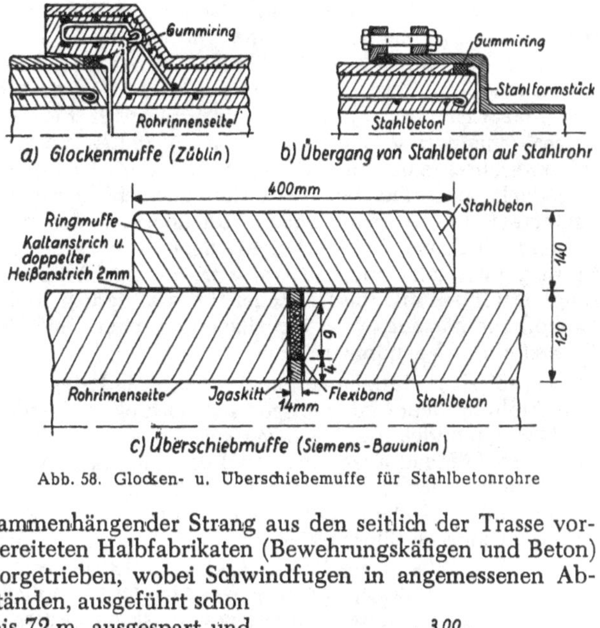


Abb. 58. Glocken- u. Überschiebemuffe für Stahlbetonrohre

sammenhängender Strang aus den seitlich der Trasse vorbereiteten Halbfabrikaten (Bewehrungskäfigen und Beton) vorgetrieben, wobei Schwindfugen in angemessenen Abständen, ausgeführt schon bis 72 m, ausgespart und nachträglich bei niedriger Lufttemperatur geschlossen werden (Abb. 59).

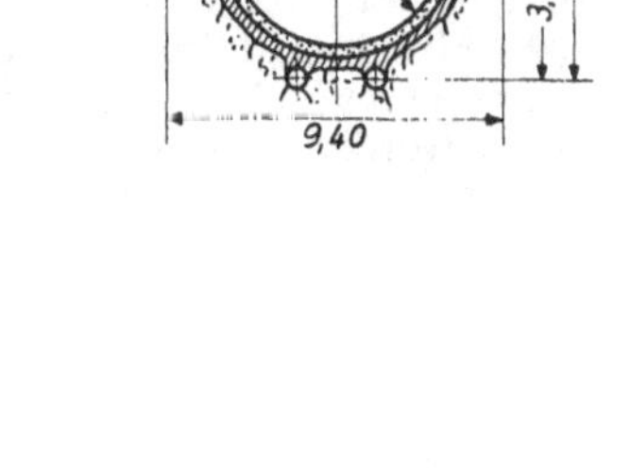


Abb. 59. Stahlbetondruckrohr der WKA. Randens (Frankr.) (L'Energia El. 1956)

Die hohen Anforderungen an die Elastizität, Zugfestigkeit, Wasserdichtigkeit und die mit dieser eng zusammenhängende Korrosionssicherheit verlangen bei höher beanspruchten Stahlbetonleitungen größte Sachkenntnis und Sorgfalt in der Auswahl und Verarbeitung der Baustoffe. Als Zuschlagstoff ist eine gut abgestufte Kornmischung aus natürlichem Sand und Kies das Beste. Der Zementanteil ist hoch, 350—450 kg auf 1 $m^3$ Fertigbeton, die Konsistenz des Frischbetons steifplastisch bis erdfeucht, jedenfalls so, daß bei den angewandten Verdichtungsverfahren eine optimale Verdichtung im Endergebnis erzielt wird. Die Betonverdichtung geschieht für abgelängte Rohre im maschinellen Schleuderverfahren oder stehend mit Außenrüttlern, bei zusammenhängender Ausführung aber mit Innenrüttlern. Zur weiteren Verbesserung verwenden manche Hersteller für fabrikfertige Rohre Dampfbaderhärtung, Wasserbadlagerung oder, auf der Baustelle, das Vakuumverfahren.

Die spiralige Ringbewehrung wird, mindestens bei Fabrikrohren, heute mit Vorliebe aus hochfestem Sonderrundstahl gebildet, der nach verschiedenen patentierten Verfahren während oder nach der Herstellung des inneren Betonmantels derart vorgespannt wird, daß der Betonmantel unter vollem Betriebsinnendruck keine Zugbeanspruchung erfährt. Vielfach baut man auch ein Mantelfutter aus 1,5—2 mm dickem weichem Stahlblech oder eine dicke, innen eingeschleuderte Asphaltdecke ein. Durch diese Entwicklungen ist der Anwendungsbereich der bewehrten Betonrohre bis in das Gebiet der Wasserdrücke von weit über 10 bis 20 atü erweitert worden, wobei das Problem der dauerhaften Muffendichtung entscheidend ist.

Beispiele:

1. Eine etwa 36 km lange Teilstrecke der Bodenseewasserleitung ist 1956/57 aus vorgespannten Stahlbetonrohren mit dünnem Stahlblechmantelfutter erstellt worden.

Die 6,0 m langen Rohrschüsse vom Nenndurchmesser 1,30 m wurden in der eigens nahe der Trasse errichteten Fabrik folgendermaßen gefertigt: Zuerst wurde in senkrecht stehender zweiwandiger Stahlschalung, den hineingestellten dichtenden, 1,5 mm dicken Stahlblechmantel von innen und außen umhüllend, ein „Kernrohr" aus sorgfältig gemischtem Feinbeton B 450 geschüttet und durch an den Stahlschalungen befestigte Hochfrequenzrüttler (9000 U/min) verdichtet.

Nach einer die Erhärtung beschleunigenden Dampfbehandlung und mehrtägiger Lagerung wurde dieses Kernrohr dann in einer waagrechten Wickelmaschine mit Spezialrundstahl 5,8 mm vorgepreßt und anschließend in senkrecht stehender äußerer Stahlschalung mit einer die Bewehrung einhüllenden Betonschicht umkleidet, die wieder durch Außenrüttler verdichtet wurde. Die statische Berechnung der Rohre erfolgte in sinngemäßer Anwendung der „Richtlinien für Bauwerke aus Spannbeton" (DIN 4227) unter Einhaltung der zulässigen Beanspruchungen für Beton auf Druck und für den Stahl auf Zug für einen künftigen Mindestbetriebsdruck von 80 m W.S. Der nicht mit vorgepreßte, aber die Bewehrung einseitig umhüllende Außenbeton macht, wie umfangreiche Versuche zeigten, die Dehnungen unter Betriebsdruck rissefrei mit. Die Verbindung der Rohre erfolgte mit Innenstemm-Muffen[92]) (Abb. 61 a/b).

2. Der rd. 195 m hohe steile Druckschacht der WKA Soverzene[93]) enthält, dicht einbetoniert, ein Paar Stahlbetonrohrleitungen von je 2,55 m Lichtweite, die aus 4,5 m langen, leicht (für Transport) bewehrten Betonrohren von 190 mm Wanddicke in 2 mm dicken Stahlblechmänteln mit 2 darüber spiralig unter Vorspannung gewickelten 5 mm dicken Seilen aus hochwertigem Stahl mit einem Torkretschutzüberzug bestehen. Die freigelassenen Stoßstellen der Mantelbleche wurden im Schacht vor dem Einbetonienieren und Verpressen elektrisch mit einem Verbindungsblech verschweißt. Die Festigkeitsberechnung erfolgte unter Voraussetzung einer Beteiligung des Felsens von

---

92) Nach dankenswerter Mitteilung d. Bodenseewasserversorgung AG. u. d. ausführenden Firma Dyckerhoff u. Widmann, München.

93) Impianto Idroelettrico Piave-Boite-Maè-Vajont. Soc. Adr. di Elettricità, Venedig 1956.

30 % für einen Betriebsdruck von 15—30 atü unter Berücksichtigung des Kriechens von Beton und Stahl mit einer Vorspannung von 83,20 kg/cm² im Stahl und 156 kg/cm² im Beton.

3. Bei der Anlage Mucone (Italien) ist der Druckstollen teilweise mit im Vakuum-Verfahren behandelten Spannbetonrohren von 2,7 m l. W., 5 m Einzellänge, 0,12—0,11 m Wanddicke für Innendruck 120—190 m W.S. ohne Stahlblechmantel als Dichtung ausgerüstet.

Zur Überwindung tiefer Geländeeinschnitte werden die Stahlbetonrohre manchmal als selbsttragende Balken oder Bogen ausgebildet[94]) (Abb. 60), was kontinuierliche

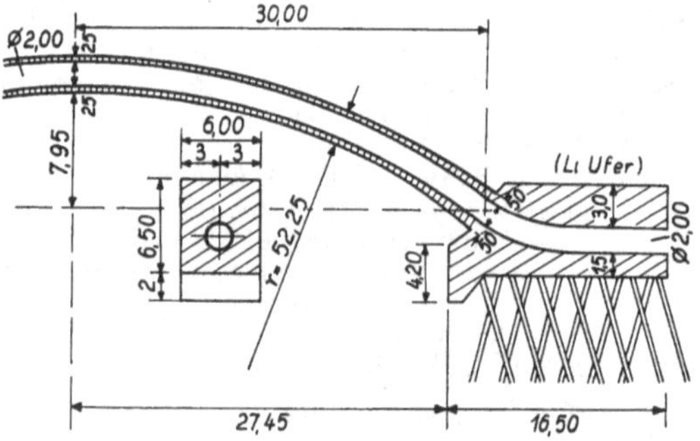


Abb. 60. Stahlbetonrohrbrücke über den Velino (It.) (Beton- u. Stahlbeton 1950, H. 10)

Bauweise voraussetzt. Oder sie werden unabhängig auf Stahlbetonbrücken (Sprengwerke, Gewölbe), ähnlich den S. 70 besprochenen Gerinnebrücken, gelegt.

Vorteile der Stahlbetonrohre sind: Anspruchslosigkeit in bezug auf Unterhaltung bei Verlegung im Boden, Widerstandsfähigkeit gegen äußere Einflüsse und Außendruck, wie Erddruck und Verkehrslast, geringe Wärmeleitfähigkeit, keine Rostgefahr für den Bewehrungsstahl.

94) G. Turazza, Rohrbrücke über d. Velino. Beton- und Stahlbetonbau 1950, H. 10.

Nachteile sind: höhere Empfindlichkeit gegen Druckstöße, Schwind- und Temperaturzugspannungen.

Die zahlreichen Stoßverbindungen der unterteilten Rohrleitung und die Baufugen der zusammenhängenden Bauweise können Gefahrenquellen für Undichtigkeiten

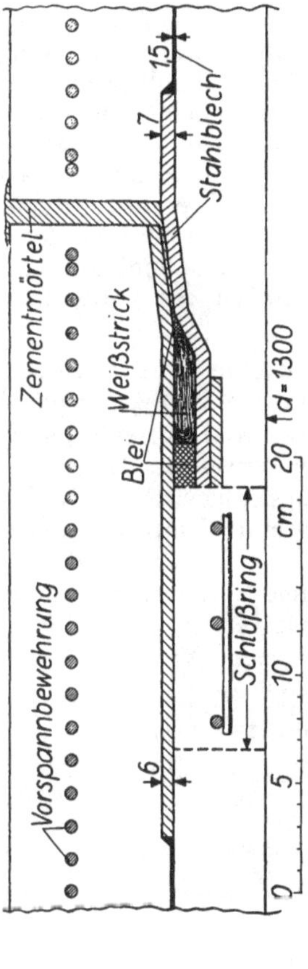


Abb. 61 a. Vorgespannte Stahlbetondruckleitung der Bodenseewasserfernleitung. (Dyckerhoff u. Widmann K. G. München). Längsschnitt der Muffe

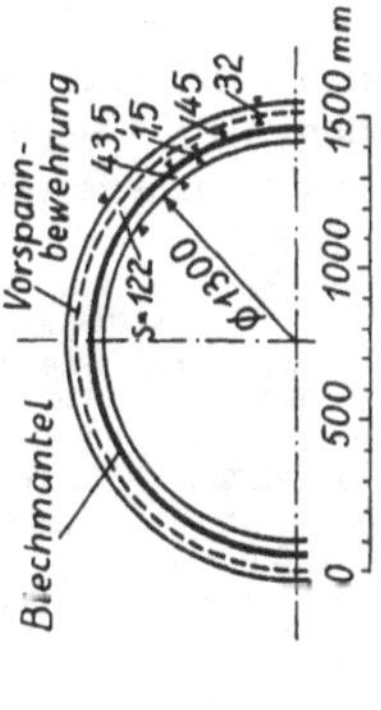


Abb. 61 b. Vorgespannte Stahlbetondruckleitung der Bodenseewasserfernleitung. Querschnitt

werden. Die Wirtschaftlichkeit gegenüber Stahlrohren ist am größten im Bereich $p_i < 3$ atü und $d < 800$ mm sowie $p_i < 10$ atü und $d > 1200$ mm.

cc) Asbestzementrohre. Asbestzement- oder Eternitrohre aus einem flüssigen Gemisch von Portlandzement, Wasser und Asbestfasern fabrikmäßig hergestellt, sind in kleineren Abmessungen (bis $d = 0{,}70$ m Durchmesser) und für niedrigen Druck (bis 5 atü) verwendbar. Sie zeichnen sich durch geringes Gewicht, hohe Zugfestigkeit, Widerstandsfähigkeit und glatte Innenwandung aus. Als Wasserversorgungsleitungen sind sie schon vielfach mit Erfolg verwendet worden. Bei stark aggressivem Wasser oder sauren Böden sind die Rohre durch bituminöse Deckanstriche zu schützen[95]) Die Rohre werden durch Überschiebmuffen mit einzuschiebenden Gummidichtungsringen verbunden, deren Beweglichkeit das Verlegen in Krümmungen begünstigt.

dd) Holzrohre[96—99]). Holzrohre werden vorwiegend in holzreichen Ländern (Nordamerika, Skandinavien) bei mäßigem Wasserinnendruck (bis 6 atü) mit gutem Erfolg als Turbinenrohrleitungen verwendet. Es werden möglichst astreine, harzreiche, langsam gewachsene Nadel- oder Harthölzer genommen, Rot- und Weißtanne, Kiefer, Lärche, Eiche. Bei Lichtweiten unter etwa 0,5 m werden fabrikfertige Einzelrohre mit Spitz- und Muffenenden oder Überschiebmuffen verwendet, bei größeren Lichtweiten wird zusammenhängender Vorbau gewählt (Abb. 62).

95) J. E. Carrière, Asbestzementrohre. GWF 1956, H. 4.

96) Ludin, Hölzerne Druckrohrleitungen. Techn. u. Industrie 1920, H. 24 und Rohrleitungen aus Holz. D. Wasserkr. 1921, H. 6.

97) v. Holten, Erfahrungen mit Holzrohrleitungen. Wasserkr. u. Wasserwirtsch. 1929, S. 72.

98) H. Seitz, Holzdaubenrohre im Wasserversorgungswesen. Ges. Ing. 1931, H. 20.

99) Regnell, Erfahrungen mit Holzrohren. Svenska Vattenkr. För. Publ. 1946: 10.

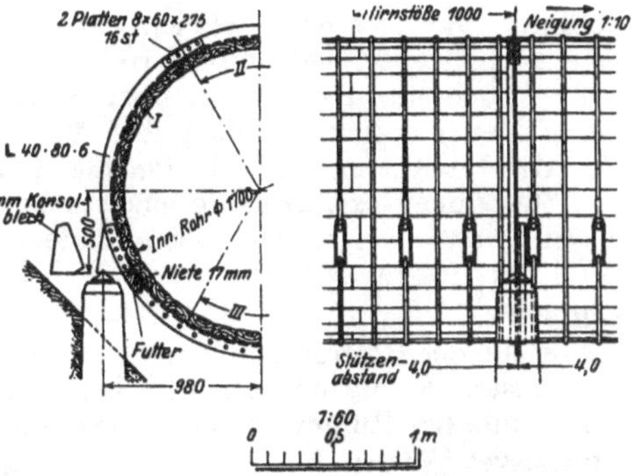


Abb. 62. Holzrohrleitung Lindesnäs in Profilstahlringen abgestützt (Vattenbyggnadsbyrån-Stockholm)

Die Holzrohre werden aus einzelnen 2,5—6 m langen, 60—80 mm dicken Dauben kreiszylindrisch zusammengesetzt. Die Dauben werden auf Holzbearbeitungsmaschinen in einem Arbeitsgang genau auf Innen- und Außenradius sowie seitlich mit Nut und Feder hergestellt und bei kontinuierlichem Vorbau mit gegenseitig um 0,60—1,20 m, neuerdings aber gleichmäßig um halbe Daubenlänge versetztem Stoß jeweils zwischen zwei schon vorhandene Dauben eingetrieben. Der Hirnstoß wird durch angeschärfte, galvanisierte Stahlblechdübel, die 2—3 cm tief in die Daubenstirnflächen geschlagen werden, abgedichtet. Die Dauben werden durch (verzinkte) Rund- oder Vierkantstahl-Spannringe zusammengehalten. Das Anspannen der Stahlbügel erfolgt mit aus Stahlblech gepreßten Schraubspannschuhen.

Holzrohrleitungen, in Amerika schon mit 5,60 m Durchmesser[100]) gebaut, lassen sich sehr gut dem Gelände anschmiegen. Schwache Krümmungen werden durch Verziehen der zunächst gerade gebauten Leitung, schärfere durch Anwendung ungleicher Längen der Dauben aus-

100) C. V. Davis, Handbook of Applied Hydraulics. Mc.Graw-Hill Book Com. New York 1952, S. 471.

geführt. Die Leitungen werden entweder verdeckt auf einem Schotterbett liegend oder frei auf einzelnen Sätteln oder Jochen aus Holz, Stahl oder Stahlbeton gelagert. Beide Verlegungsarten haben ihre Vor- und Nachteile. Vor der Inbetriebnahme erhalten die Rohre — Dauben und Stahlringe — zweckmäßig einen mehrmaligen bituminösen Schutzanstrich. Die Lebensdauer sachgemäß ausgeführter Holzrohrleitungen kann 20 bis 30 Jahre überschreiten.

Vorteile der Holzrohrleitung sind: in Waldländern niedrige Kosten, leichte und einfache Beförderung der Rohrteile, einfacher Zusammenbau, Unempfindlichkeit gegen aggressives Wasser. Nachteile sind: geringe Widerstandsfähigkeit gegen Außendruck, unvollkommene Wasserdichtigkeit, Fäulnis- und Rostgefahr, Empfindlichkeit gegen dynamische Druckbeanspruchung.

### d) Bemessung der Rohrleitungen[101] [102]

Wegen der hydraulischen Berechnung und hydrodynamischen Beanspruchung von Rohrleitungen wird auf das Kapitel 2 verwiesen.

aa) Festigkeitsberechnung[103].

*α)* Berechnung von Hochdruckrohren (vgl. S. 90) auf Innendruck. Bei dünnwandigen Stahlrohren $\left(s \leqq \frac{d}{20}\right)$ errechnet sich aus der Gleichung (25) (S. 91) mit $\sigma = \varphi \cdot k_z$ die erforderliche Rohrwanddicke unter Zugabe eines „Rostzuschlages" $s_k$ zu

$$s_{\text{erf.}} = \frac{p \cdot d}{2\,\varphi \cdot k_z} + s_R\,. \qquad (26)$$

[101] v. Jürgensonn, Elastizität und Festigkeit im Rohrleitungsbau. Springer-Verlag, Berlin 1953.

[102] Stradtmann, Stahlrohr-Handbuch. Vulkan-Verlag, Essen 1956.

[103] Hruschka, Druckrohrleitungen der Wasserkraftwerke. Springer-Verlag, Wien, 1929.

Hierin ist:

$s$ = Rohrwanddicke in m

$p$ = Betriebsdruck = statischer Druck bei Stillstand + dynamischer Druckanstieg in $t/m^2$

$p = \gamma \cdot H$; $H$ = Wasserdruckhöhe in m, $\gamma = 1\ t/m^3$

$d$ = innerer Rohrdurchmesser in m

$k_z$ = zulässige Zugbeanspruchung des Rohrwerkstoffes in $t/m^2$. Als zulässige Zugbeanspruchung rechnet man heute für unterteilte Turbinenrohrleitungen oft 0,45- bis 0,50fache Mindeststreckgrenze, was nach der Tabelle S. 94 einer nach sonstigem Gebrauch auf die Zugfestigkeit bezogenen Sicherheitsziffer in der Größenordnung 4 bis 3 entspricht. Für zusammenhängende Leitungen verlangt man um 10 % höhere Sicherheit.

$\varphi$ = Gütegrad der Rohrwand-Längsnaht
für autogen stumpfgeschweißte Naht . . $\varphi = 0{,}7$
für Nietnaht . . . . . . . . . . . . $\varphi = 0{,}75$
für überlappt wassergasgeschweißte Naht $\varphi = 0{,}9$
für elektrische Schweißnaht . . . . . $\varphi = 0{,}9$–$1{,}0$

$s_R$ = Rostzuschlag = 0,001—0,002 m.

Aus fertigungstechnischen Gründen sind gewisse Mindeststärken $s_0$ einzuhalten, etwa:

für lichten Durchmesser $d$ bis 0,80 m $s_0$ = 0,005—0,007 m
$d$ bis 2,00 m $s_0$ = 0,008—0,016 m
$d > 2{,}00$ m $s_0$ = 0,016—0,018 m.

Bei größerer Wanddicke als $d/20$ ist die Voraussetzung der Kesselformel, gleichmäßige Verteilung der Ringspannungen über die Blechdicke, nicht mehr genügend genau erfüllt; die größte Zugspannung tritt in der Innenfaser der Rohrwand auf und die erforderliche Blechdicke muß nach den Regeln der Festigkeitslehre für den räumlichen Spannungszustand berechnet werden. Nach Bach ist unter Berücksichtigung der Querdehnung

$$s_{\text{erf.}} = \frac{d_i}{2}\left[\sqrt{\frac{\varphi\, k_z + 0{,}7\,\gamma H}{\varphi\, k_z - 1{,}3\,\gamma H}} - 1\right] + s_R\,. \tag{26a}$$

Auf 1—3 % damit übereinstimmende Näherungswerte erhält man einfach nach der Gl. (26), indem man für $d$ statt des

Innendurchmessers $d_i$ den Außendurchmesser $d + 2\,s_1$ einsetzt, wobei $s_1$ einen ersten mit dem Innendurchmesser berechneten Näherungswert darstellt.

Spannbetonrohre[103a]). Es bezeichnen:

$d$ = lichter Rohrdurchmesser (m)
$s$ = Wanddicke des Betonkernrohrs (m)
$f_s$ = Stabquerschnitt der Stahlumwicklung ($m^2$)
$z$ = Anzahl der Windungen auf 1 m Rohrlänge
$k_B$ = zulässige Druckbeanspruchung des Kernrohrs ($t/m^2$)
$k_s$ = zulässige Zugbeanspruchung der Stahlumwicklung (Größenordnung: 60 000—80 000 ($t/m^2$)
$E_B$ = Elastizitätsmodul des Betons ($t/m^2$) (3 . . bis 4 000 000)
$E_s$ = Elastizitätsmodul des Stahls ($t/m^2$) (21 000 000)
$n$ = $E_s/E_B$ (= 5,3—7)
$\sigma_{vB}$ = Druck-Vorspannung im Beton-Kernrohr ($t/m^2$)
$\sigma_S$ = größte Zugspannung in der Stahlumwicklung bei vollem Betriebs-Innendruck ($t/m^2$).

Da die Druckspannung im Beton bei richtiger Wahl der Stahlvorspannung in dem Augenblick zu Null wird, wo der volle Betriebswasserdruck ($H' = H$) erreicht ist, muß letzterer von der Stahlumwicklung allein aufgenommen werden, die dabei ihre höchste Beanspruchung erreicht:

$$\sigma_s = \lambda\, H\, d/2\, z\, f_s \leqq k_s. \tag{27a}$$

Hierdurch ist der erforderliche Stahlquerschnitt $z \cdot f_s$ bestimmt.

Die größte Druckspannung $\sigma_{vB}$ im Beton tritt beim Umwickeln unter Vorspannung des Stahls mit $\sigma_{vs}$ auf, derart, daß

$$\sigma_{vB} \cdot = -\sigma_{vs} \cdot z \cdot f_s/1{,}0 \cdot s. \tag{27b}$$

[103a]) D J N 4237 und Veith, Vorspannung im Stahlbeton Beton u. Stahlbetonbau Jan. 1951.

(Hierbei ist angenommen, daß die Stahlquerschnitte außerhalb des Betonquerschnitts liegen.)

Dabei verkürzt sich der Rohrdurchmesser elastisch um:

$$d \cdot \varepsilon_B = d \cdot \sigma_{vB}/E_B\,.$$

Die gleichzeitige elastische Verlängerung des Stahls kann durch Nachspannen oder geeignete Durchführung des Wickelvorganges vor Herstellung des Verbundes zwischen Beton und Stahl in ihrer Auswirkung auf die Druckspannung im Beton ausgeglichen werden.

Eine nach Herstellung des Verbundes aufgebrachte Belastung des Rohrs durch Wasserinnendruck $\gamma H' < \gamma H =$ voller Betriebsdruck verteilt sich auf Betonmantel und Stahlumwicklung so, daß

$$\sigma'_B - (1{,}0 \cdot s + n \cdot z \cdot f_s) = \gamma H' d/2 \cdot 1{,}0$$

oder für den vollen Betriebsdruck $\gamma H$:

$$\sigma_B = \gamma H\, d/2\, (1{,}0\, s + n \cdot z \cdot f_s).$$

Die gesamte gleich Null zu machende Zugspannung im vorgespannten und belasteten Beton ist

$$\sigma_{vB} + \sigma_B \text{ oder nach (27b)}$$

$$-\sigma_{vs}(z \cdot f_s/s) + \gamma H\, d/2\, (s + n \cdot z \cdot f_s) = o.$$

Die anzuwendende Stahlvorspannung ist danach:

$$\sigma_{vs} = (\gamma H\, d/2) \cdot (s/z\, f_s) : (s + n \cdot z \cdot f_s).$$

Und die beim Vorspannen auftretende Betondruckspannung nach Gl. (27 b) ist demnach

$$\sigma_{vB} = -(\gamma H\, d/2)/(s + n \cdot z \cdot f_s) \lesseqgtr k_B. \qquad (27c)$$

Hiernach ist die erforderliche Wanddicke des Betonrohrs zu bestimmen.

Holzrohre. Die Stahlreifen vom Querschnitt $F_s = z \cdot f_s$ (m²) müssen außer dem inneren Betriebsdruck $\gamma \cdot H$ (stat. und dynam.) noch den Schwelldruck der Dauben infolge der Wassersättigung (erfahrungsgemäß 70 bis 100 t/m²) aufnehmen. Dies wird nach den amtlichen norwegischen Vorschriften für Bemessung von Holzrohren durch einen Zuschlag $k \cdot s$ zur Reifenkraft berücksichtigt. Der Beiwert $k$ ist 0,05 für Innendrücke unter 30 m WS und 0,07 für größere Druckhöhen.

Die Zahl der Reifen je lfd. m Rohr berechnet sich: bei einer zulässigen Zugspannung in den Reifen $k_s = 1200$ (t/m²) aus

$$z = 0{,}5\,H\,d/(k_s \cdot f_s) + k \cdot s/f_s\,. \tag{28a}$$

Dabei darf der Reifendruck auf die Daubenoberfläche zur Schonung der Holzfasern nicht größer werden als 240 t/m² für Rechteck-Reifenquerschnitte mit 5/8″ Schraubenden, bis 180 t/m² für dickere Reifen. Für Rundstähle müssen die Drücke je nach der Elastizität des Holzes kleiner gewählt werden.

Die norwegischen Bestimmungen schreiben mit Rücksicht hierauf folgende Werte vor:

| Reifendicke Zoll | Rohrdurchmesser mind. $d$ (m) |
|---|---|
| 1/2 | 0,50 |
| 5/8 | 0,90 |
| 3/4 | 1,30 |
| 7/8 | 1,80 |
| 1 | 2,40 |

Der Stützenabstand $L$ ist (mit $b$ = Daubenbreite [m]) zu berechnen nach der Faustformel

$$L_{\max} = 40\sqrt{\frac{s\,(s+b)}{d}}\,, \tag{28b}$$

für gekrümmte Strecken soll nur der 0,9fache Wert genommen werden.

$\beta$) Berechnung von Rohren auf Außendruck. Mayer[104]) errechnet bei gleichmäßig von allen Seiten wirkendem Druck den Einbeuldruck zu

$$p_B = \frac{2\,E}{n_s} \cdot \left(\frac{s}{d}\right)^3 \tag{29}$$

und daraus die erforderliche Rohrwanddicke

104) Mayer, Elastizität und Stabilität des geschlossenen und offenen Kreisbogens. Zeitschr. Math. u. Phys. Bd. 61 (1913) S. 246.

$$s_B \doteq d \cdot \sqrt{\frac{n_s \cdot p}{2 \cdot E}}\,. \tag{30}$$

$p_B$ = Außendruck auf 1 cm² der Rohroberfläche (kg/cm²)
$E$ = Elastizitätsmodul der Rohrwandung (kg/cm²)
$n_s$ = Sicherheitsziffer:
für offen verlegte Rohrleitungen = 4
für verdeckt verlegte Rohrleitungen ohne aussteifende Bodenwirkung = 4
bei fester Umstampfung mit aussteifender Wirkung = 2
$s$ und $d$ in cm!

$\gamma$) Zusatz- und Auflagerkräfte bei Hochdruckrohren. An Druckrohrleitungen und Festpunkten treten, genau betrachtet, sehr vielerlei Kräfte auf, nach Hruschka[105]) über 32 Arten. Nur die wichtigsten werden nachfolgend aufgeführt.

1. Kegelstückdruck (Abb. 63).

Bei geradachsigem Übergang von größerer zu kleinerer Lichtweite mit gleichzeitig zunehmender Druckhöhe entsteht die statische Längsdruckkraft — näherungsweise —

$$K_1 \approx \gamma \cdot \pi \frac{H_1 + H_2}{2} \cdot \frac{d_1^2 - d_2^2}{4}\,. \tag{31}$$

2. Stopfbüchsenkraft (Abb. 64).

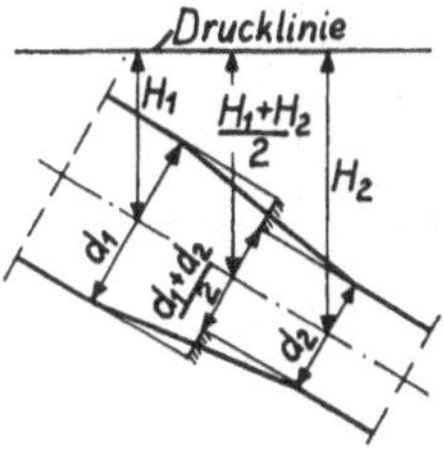

Abb. 63. Kegelstückkraft

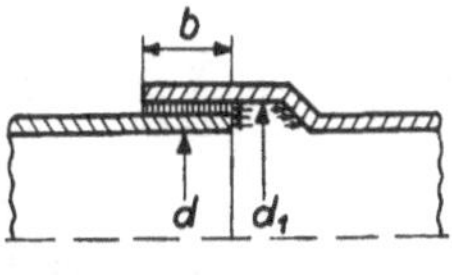

Abb. 64 Stopfbüchsenkraft

Der Wasserinnendruck erzeugt eine Längskraft

105) Hruschka, Druckrohrleitungen der Wasserkraftwerke. Julius Springer-Verlag, Wien 1929.

$$K_2 = \gamma \cdot \frac{\pi}{4}\left(d_1^2 - d^2\right) \cdot H\,. \tag{32}$$

3. Krümmerkraft (Abb. 65).

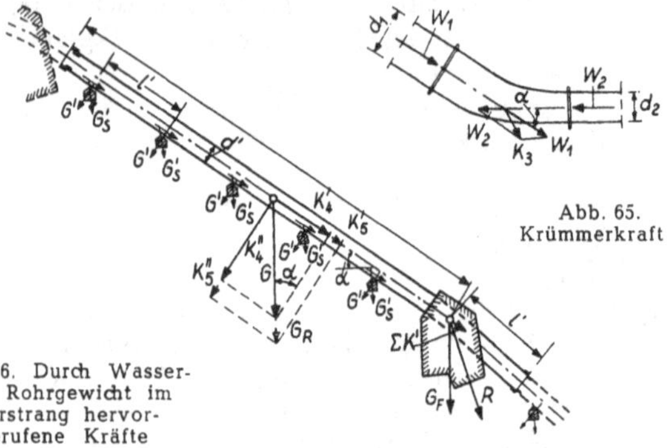

Abb. 65. Krümmerkraft

Abb. 66. Durch Wasser- und Rohrgewicht im Rohrstrang hervorgerufene Kräfte

Als Resultierende aus den Wasserdrucklängskräften

$$W_1 = \gamma \cdot H_1 \cdot \frac{\pi \cdot d_1^2}{4} \quad \text{und} \quad W_2 = \gamma \cdot H_2 \cdot \frac{\pi\, d_2^2}{4}$$

errechnet sich die Krümmerkraft

$$K_3 = \sqrt{W_1^2 + W_2^2 - 2\, W_1 \cdot W_2 \cdot \cos\alpha}\,. \tag{33}$$

Mit $d_1 = d_2$ und näherungsweise $H \approx \frac{H_1 + H_2}{2}$ wird

$$K_3 = \gamma \cdot H \cdot \frac{\pi \cdot d^2}{2} \cdot \sin\frac{\alpha}{2}\,. \tag{34}$$

4. Gewicht der Wasserfüllung (Abb. 66).
Gewicht $W$ der Strecke $l$

$$G_W = \gamma \cdot \pi \cdot \frac{d^2}{4} \cdot l \quad \text{bei Neigung } \alpha$$

zerlegbar in Längs- und Querkräfte

$$K_4' = G_W \cdot \sin\alpha \quad \text{und} \quad K_4'' = G_W \cdot \cos\alpha\,. \tag{35}$$

Die Querkraft wirkt als Sattel- oder Bettungsdruck und bestimmt die größtmögliche Reibungskraft in Achsrichtung. Die Längskraft wirkt sich nur an Knicken, Verengungen und letzten Endes an dem Turbinenschieber oder einem Blinddeckel am Strangende aus.

5. Gewicht der Rohrwand (Abb. 66)

$$G_R = \gamma_R \cdot \pi \cdot d \cdot s \cdot l$$

Längskraft $K_5' = G_R \cdot \sin\alpha$ Querkraft $K_5'' = G_R \cdot \cos\alpha$.

Die Querkraft wirkt als Sattel- oder Bettungsdruck und bestimmt die Reibung. Die Längskraft geht in den Festpunkt.

6. Schleppkraft.

Dem Reibungsfallverlust $H_w = J \cdot l$ entspricht eine über die Rohrwand verteilte Schleppkraft, die vom nächsten Festpunkt aufzunehmen ist:

$$K_6 = \gamma \cdot H_w \cdot F = \gamma \frac{\pi \cdot d^2}{4} \cdot J \cdot l. \qquad (36)$$

Diese Kraft hat hauptsächlich nur in Leerschußrohren bei Geschwindigkeiten von 20 m/s und mehr Bedeutung.

7. Hydraulische Ablenkungskraft (Fliehkraft) in Krümmern (Abb. 67) kann vernachlässigt werden, da die Geschwindigkeiten in Rohrleitungen sich in mäßigen Grenzen halten. Sie erhält aber Bedeutung in Leerschußrohren.

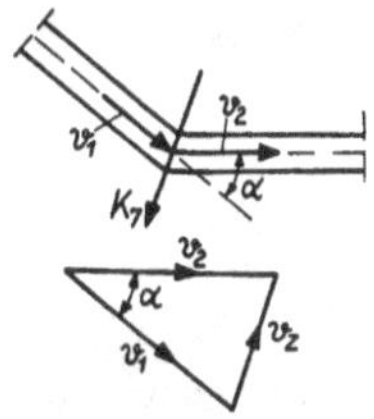


Abb. 67. Hydraulische Ablenkungskraft in Krümmungen

$$K_7 = \frac{\gamma \cdot Q}{g} \cdot v_z = \frac{\gamma \cdot Q}{g} \sqrt{v_1^2 + v_2^2 - 2\, v_1 \cdot v_2 \cdot \cos\alpha}.$$

8. Reibungskräfte in Stopfbüchsen.

In unterteilten Rohrleitungen kommen Temperatur- und Querdehnungskräfte nur so lange zur Wirkung, bis die

Reibung in den Ausdehnungsstücken und auf den Rohrsätteln überwunden ist. Die Reibungskraft im Dehnungsstück ist $K_8 = a \cdot \mu \cdot d_d \cdot l_d \cdot \gamma \cdot H$.

$a$ = Zuschlagziffer für Packungsdruck = 1,5
$\mu$ = Reibungsziffer = 0,20—0,30
$d_d$ = äußerer Durchmesser der Packung (m)
$l_d$ = Länge der Packung (m)
$H$ = statische Wasserdruckhöhe (m).

9. Querdehnungskräfte.

Die Umfangsdehnung (durch Wasserinnendruck) $\varepsilon_1 = \sigma/E$ bewirkt nach Poisson eine Zusammenziehung der Rohrwandung in Achsrichtung

$$\varepsilon' = \frac{\sigma}{m \cdot E}. \tag{37}$$

Ist diese Zusammenziehung durch Reibung oder Einspannung verhindert, so entsteht in der Rohrwandung eine von der Rohrlänge unabhängige Längszugkraft

$$K_9 = \frac{\sigma}{m} \cdot \pi \cdot d \cdot s = \frac{\gamma \cdot \pi \cdot d^2 \cdot H}{2\,m}. \tag{38}$$

$m$ = Poissonsche Zahl für Stahl = 3,3, für Beton = 7.

10. Temperaturkräfte.

Ein Rohrstrang der Länge $l$ (m) will sich bei Änderung seiner Temperaturkraft um $\Delta t°$ C um

$$\Delta L_t = w \cdot \Delta t \cdot l \tag{39}$$

ausdehnen. Bei Behinderung entsteht eine Temperaturlängskraft (Druck oder Zug) ($t$):

$$K_{10} = w \cdot \Delta t \cdot E \cdot \pi \cdot d \cdot s \cdot 10 \tag{40}$$

$w$ = Ausdehnungsbeiwert

| | | | |
|---|---|---|---|
| Flußeisen, Stahl | $E = 2 \cdot 10^6$ kg/cm² | $w = 0{,}000012$ |
| | Beton | $E = 0{,}2 \cdot 10^6$ kg/cm² | $w = 0{,}000010$ |
| | Holz | $E = 0{,}1 \cdot 10^6$ kg/cm² | $w = 0{,}000004$. |

Diese, von der Stranglänge unabhängige Kraft kann, ebenso wie $K_9$, erhebliche Größe erreichen, wird aber durch Gleiten des Rohres begrenzt.

11. Bettungsreibungskraft.

Die Auflagerdrücke aus den Querkräften des Gewichtes der gefüllten Rohrleitung $(K_4'' + K_5'')$ ergeben zusammen die Bettungsreibungskraft

$$K_{11} = \varrho\,(K_4'' + K_5''),$$

wobei für Stahlrohrleitungen die Bettungsziffer $\varrho$

auf Betonsattel mit Blechbelag . . = 0,40
auf Stahlgleitlager ungeschmiert . = 0,30
auf Pendelstützen mit Zapfenlager = 0,05
auf Erdreich . . . . . . . . . . = 0,5—0,6.

$\delta$) Berechnung der Niederdruckrohre. Bei Rohrdurchmessern $d > H/10$ genügt nach S. 91 die Berechnung nach der Kesselformel nicht mehr, vielmehr muß die Ungleichmäßigkeit der Verteilung des inneren Wasserdruckes über den Umfang nach Gl. (26 a) berücksichtigt werden.

Bei kontinuierlicher Auflagerung des Rohrs treten neben den nach Gl. (26) oder (26a) zu berechnenden Ringspannungen aus dem gleichmäßig verteilten Scheitelwasserdruck Zusatzspannungen infolge des Eigengewichts der Rohrwand, des ungleichmäßig verteilten zusätzlichen Wasserdruckes der Rohrfüllung, sowie infolge der Auflagerkräfte auf. Außerdem entstehen Nebenspannungen infolge der Formänderung des zweifach statisch unbestimmten Rohrquerschnitts. Ist das Rohr nicht kontinuierlich gelagert, sondern auf einzelnen Stützen (Sätteln, Stützringen), so arbeitet es zugleich als kontinuierlicher Träger und ist im Längsschnitt betrachtet entsprechenden zusätzlichen Biegungsmomenten und Querkräften ausgesetzt.

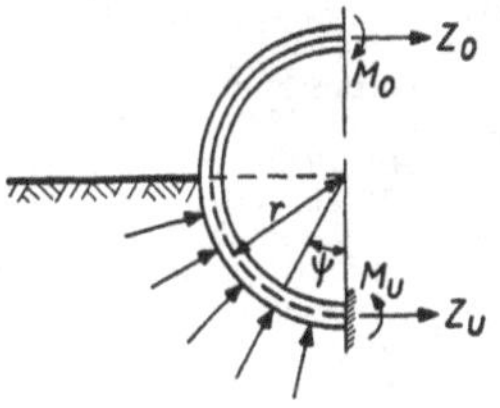


Abb. 68. Steifwandiges Niederdruckrohr (Forchheimer)

Die verschiedenen Fälle der kontinuierlichen Lagerung haben Forchheimer, Kammüller u. a. untersucht [106-108]. Forchheimer errechnete ohne Berücksichtigung des Eigengewichts der Rohrwand für halbeingebettete Rohre mit radial wirkendem, nach unten zunehmendem Bodendruck für nur scheitelvolles Rohr die statisch unbestimmten Größen an der Rohrsohle (Abb. 68).

Einspannmoment $M_u = 0{,}137\,\gamma\, d^3/8$ je 1 m Rohrlänge

Waagrechte Zugkraft $Z_u = 0{,}5\,\gamma\,\frac{d^2}{4}$ je 1 m Rohrlänge

und somit für einen beliebigen Punkt des Rohrquerschnitts:

$$M = \gamma\, d^3/16\left(\frac{1}{\pi} - \psi \sin \psi - \cos\frac{\psi}{2}\right)$$

$$Z = \gamma\, d^2/4\,(-\cos \psi - \sin^2\psi/2)\,.$$

$M$ ist positiv, wenn es die Krümmung verschärft, und $Z$, wenn es = Zugkraft. Bei Rohrweiten über 3 m können bei Teilfüllungen größere Biegungsmomente auftreten als im scheitelvollen Zustand [109].

Dünnwandige Stahlrohre werden meist in größeren Abständen in steifen Ringen aufgehängt, wobei die Rohrschale als kontinuierlicher Träger wirkt. In beliebigen Querschnitten zwischen den Stützen empfängt die nachgiebige Rohrschale, die sich durch entsprechende Abplattung dem Auftreten von Momenten entzieht, näherungsweise nur die Ringspannungen nach Gl. (26). Im Längsschnitt treten wegen der Trägerwirkung tangentiale und achsiale Schubspannungen und achsiale Biegungsspannungen auf, für die Thoma [110] und ausführlicher Schwe-

---

106) Forchheimer, Über die Festigkeit weiter Rohre. Z. Öst. Arch. u. Ing. Vereins 1902, H. 18 u. 1904, H. 9/10.

107) Hruschka, Druckrohrleitungen der Wasserkraftwerke, Springer-Verlag, Wien, 1929.
Hruschka, Berechnung von erdbedeckten nachgiebigen (d. h. unterteilten) Druckrohrleitungen. Wasserkr. u. Wasserw. H. 11, Jahrg. 36 (1941).

108) Kammüller, Berechnung von Eisenbetonrohrleitungen. Bauing. 1922, H. 13.

109) Fröhlich in Z. Öst. Arch. u. Ing. Vereins 1910, S. 38.

110) Thoma, Z. f. d. ges. Turbinenwesen 1920, S. 49 f.

rin[111]) Formeln entwickelt haben, auf die hier nur verwiesen werden kann.

e) Betonfestpunkte

aa) Anordnung und Ausbildung. Die offen verlegten Druckrohre werden frei auf Sättel (Abb. 69) oder (winkelrecht zur Rohrachse gestellten!) Pendelstützen gelagert. In besonderen Fällen werden die Rohrstränge gegen seitliches Ausknicken gesichert. Die Rohrabstützung erfolgt meist im Abstand von 6—8 m. Bei „weitgespannten" Rohren stehen die Pendelstützen bis über 20 m auseinander (Bd. I Abb. 15b).

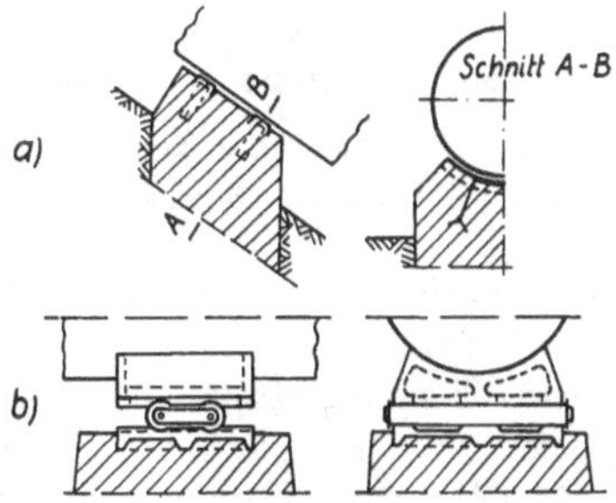


Abb. 69. Auflagerung auf Rohrsätteln
a = Gleitlager
b = Rollenlager

In Neigungs- oder Richtungsknicken werden „Festpunkte" angeordnet, welche die Druckrohrleitung festlegen und die von ihr her auftretenden Kräfte in den Baugrund führen (Abb. 70).

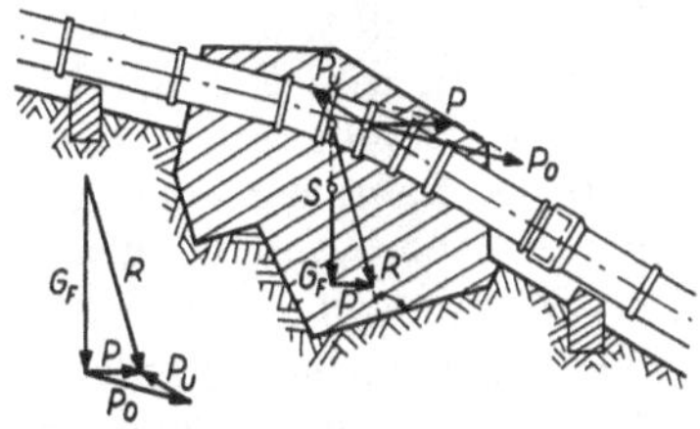


Abb. 70. Betonfestpunkt

Festpunkte werden gewöhnlich im Abstand von 150 bis 250 m angeordnet. Weil sie meist sehr große Kräfte aufzunehmen haben, erhalten sie beachtliche Ausmaße und verlangen sorgfältige Gründung und oft Bewehrung

111) E. Schwerin, Über die Spannung in freitragenden, gefüllten Rohren. Zeitschr. f. angewandte Math. u. Mech. 1922, Bd. 2, H. 5.

und Verankerung im Fels. Das Rohr selbst wird im Beton verankert.

Besondere Aufmerksamkeit verdient der untere Endfestpunkt, der möglichst am Fuß einer Steilstrecke liegen soll, weil die axiale Wasserdruckkraft dann leichter in den Untergrund zu leiten ist. Bei flach geneigter Strecke benötigt der Endfestpunkt sehr große Betonmassen. Er soll nach Möglichkeit auf Fels gegründet werden, der große Bodenpressungen zuläßt.

bb) Statische Berechnung. Auf die Rohrsättel wirken an Kräften: die anteilige aus der Rohrstützweite sich errechnende Querkraft aus dem Gewicht des gefüllten Rohres $K_4'' + K_5''$ und die entsprechende Reibungskraft $\varrho\ (K_4'' + K_5'')$. Diese Kräfte werden mit dem Eigengewicht des Betonsattels $G_A$ zu einer Resultierenden zusammengesetzt, die im Kern der Sohlfuge des Betonauflagers bleiben muß.

Ein Festpunkt hat bei der unterteilten Bauweise an Kräften aufzunehmen: die anteiligen Querkräfte $K_4'' + K_5''$, die Längskräfte $K_1$, $K_2$, $K_5'$, $K_6$, $K_8$, $K_9$, $K_{10}$, $K_{11}$ und gegebenenfalls auch $K_3$ und $K_7$. Diese werden mit dem Eigengewicht $G_F$ des Betonfestpunktes zu einer Resultierenden $R$ zusammengesetzt, die innerhalb des Kerns der Sohlfuge bleiben muß. Die zulässigen Bodenbeanspruchungen dürfen hierbei nicht überschritten werden.

Bei zusammenhängenden Rohrleitungen heben sich die Längskräfte teilweise auf, so daß bei dieser Bauweise die, ohnehin weniger zahlreichen, Festpunkte kleinere Abmessungen erhalten.

Jedoch können die Zwangskräfte aus Querdehnung und Temperaturänderung sehr groß werden, wenn sie nicht durch frei elastisch bewegliche Kniestücke oder durch verdeckte Verlegung ausgeschlossen werden.

### f) Verteilrohrleitungen

Vor dem Krafthaus teilt sich die meist aus mehreren parallelen Rohren bestehende Druckrohrleitung in die Verteilrohrleitungen auf, die den Turbineneinheiten ihr Betriebswasser zuleiten. Das Krafthaus liegt dabei entweder in der Achse oder seitlich der Druckrohrstraße (Abb. 71). Die erstere Anordnung (Figur a) wird heute

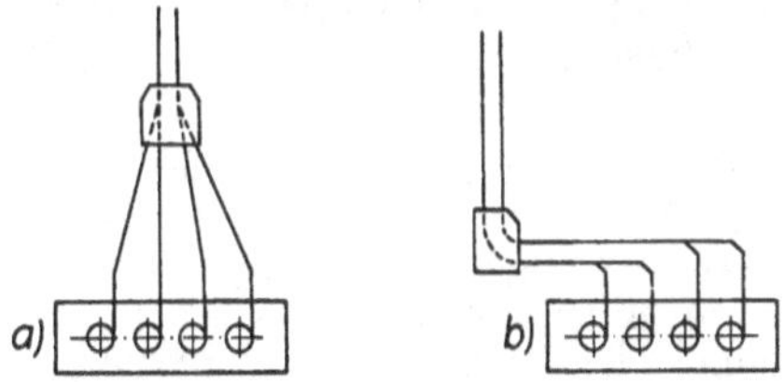


Abb. 71. Verteilrohrleitung und Lage des Krafthauses
a = Krafthaus quer zur Rohrstraße
b = Krafthaus seitlich der Druckrohrleitung

bevorzugt, weil sie das Triebwasser ohne starke Umlenkungen und damit ohne größere zusätzliche Fallhöhenverluste den Turbinen zuführt und weil die Maschinenfundamente und Maschinengewichte zur Aufnahme der Schubkräfte der Rohrleitungen mit herangezogen werden können, so daß die Endfestpunkte entlastet werden. Die zweite Bauweise (Figur b) wurde früher häufig gewählt, um bei Rohrbruch[112]) in der Steilstrecke das Krafthaus den herabschießenden Wassermassen zu entrücken. Sie hat den Nachteil der größeren Fallhöhenverluste durch mehrfache Umlenkung des Triebwassers. Ein weiterer Nachteil dieser Lösung ist, daß der Endfestpunkt wegen der Aufbürdung der gesamten Rohrkräfte sehr große Abmessungen erhält und oft schwierig zu gründen ist. Die Rohrabzweigungen zu den einzelnen Turbinen werden bei dieser Anordnung mit Rücksicht auf die unvermeidlichen elastischen und wärmebedingten Formänderungen lang gemacht und senkrecht zur Hauptachse der Verteilleitung geführt, je-

112) Wiederholt vorgekommen.

doch wird aus hydraulischen Gründen der Abzweig selbst schräg ausgebildet.

### g) Betriebsausrüstung der Druckrohrleitungen

Am Anfang einer jeden nicht ganz kurzen Turbinendruckleitung ordnet man einen Sicherheitsverschluß an, der bei Rohrbruch und damit verbundener Steigerung der Strömungsgeschwindigkeit durch eine Öldrucksteuerung selbsttätig geschlossen wird (Abb. 79).

Einsteigöffnungen. Zur Erleichterung der Unterhaltung der Rohrleitungen werden Mannlöcher vorgesehen.

Be- und Entlüftung. Hinter den Verschlußeinrichtungen sind Ventile oder Standrohre anzuordnen, die beim Füllen/Entleeren der Druckrohrleitungen die Luft entweichen/eintreten lassen. Diese Einrichtungen sind wirksam gegen Frost zu schützen. Das Füllen der Rohrleitungen muß äußerst vorsichtig vorgenommen werden, damit keine Druckstöße hervorgerufen werden.

Manometer. Zur Kontrolle der Druckschwankungen werden Manometer an der Turbine mit Maximum- und Minimumanzeiger, möglichst selbstschreibend, vorgesehen.

Wassermessung. Zur Bestimmung der Wasserführung werden Meßdüsen, Venturimesser oder Woltmann-Meßflügel eingebaut. Hierbei werden die Messungen unmittelbar oder durch Fernübertragung im Krafthaus angezeigt oder mit Schreibgeräten aufgezeichnet.

### h) Bauausführung

Fallrohrleitungen werden gewöhnlich von unten nach oben montiert. Bei langen Leitungen wird vom einzelnen Festpunkt aus vorgegangen. Bei steil abfallenden Leitungen erfolgt der Rohrtransport vom Lager- oder Montageplatz zur Einbaustelle mit einem Schrägaufzug, der meist für die Betriebsüberwachung und Unterhaltung beibehalten wird, oder, bei schwierigen Hochgebirgsverhältnissen, durch eine Seilschwebebahn.

Die Rohrsättel und Festpunktunterteile müssen genau ausgerichtet sein. Einzudeckende Rohrleitungen werden zunächst unterkeilt, ausgerichtet und dann mit steinfreiem Boden oder Beton unterstopft und möglichst bald vorsichtig verfüllt. Nur die Verbindungsstellen bleiben bis nach der Druckprobe frei. Krümmer müssen besonders gesichert werden.

Kleine Richtungsfehler werden bei Muffenleitungen in den Muffen, bei Flanschleitungen durch Keilflanschringe ausgeglichen. Zwischen zwei Festpunkten wird ein Paßstück, das an der Einbaustelle genau abgelängt wird, angebracht.

Montagespannungen — besonders durch Temperatureinflüsse — sind der Rohrleitung möglichst fernzuhalten. Es ist zweckmäßig, die Montage bei einer Temperatur vorzunehmen, die der künftigen mittleren Betriebstemperatur entspricht. In den Ausdehnungsstücken der unterteilten Rohrleitung richtet man den Spielraum nach der Montagetemperatur. Bei zusammenhängenden Leitungen spielt die Montageschlußtemperatur (bei Einbau der letzten Rohrstücke) eine wichtige Rolle.

Im Werk werden möglichst alle Rohre einem Probedruck gleich dem 1,5fachen des Berechnungsdruckes unterworfen. Bei Stahlbetonrohren ohne Vorspannung begnügt man sich besser mit dem 1,2fachen. Stichproben (1—2 %) aller Rohre) werden bis zum Bruch abgedrückt, wobei der 2½fache Betriebsdruck erreicht werden muß. Nach dem Zusammenbau der Leitung wird sie langsam unter dauernder Beobachtung der ganzen Strecke gefüllt und danach abschnittsweise einer Dauerdruckprobe unterworfen, bei der 1½facher Betriebsdruck an der jeweils tiefsten Achsstelle erreicht werden soll. Bei Stahlrohren sind die Schweißnähte vorher durch Strahlen oder Ultraschall vollständig zu überprüfen. Soweit Prüfnormen bestehen, sind diese den Prüfbedingungen zugrunde zu legen.

### i) Wirtschaftliche Bemessung der Druckleitungen (S. 52)

Zur Ermittlung des wirtschaftlichsten Rohrdurchmessers einer bestimmten Druckzone $H$ genügt es, für einen lfd. m Rohrleitung die Jahreskosten $k_R$ und die Verluste an Jahreseinnahme $e_v$ infolge der Fallhöhenverluste durch Rohrreibung in Abhängigkeit vom lichten Rohrdurchmesser $d$ auszudrücken und zu vergleichen. Mit zunehmendem Durchmesser $d$ nehmen die Jahreskosten $k_R$ zu, die Reibungsverluste und die Einnahmeverluste $e_v$ ab. Die Summe $k_R + e_v$ erreicht daher einen Kleinstwert bei einem Durchmesser $d_{\text{opt}}$, der hierdurch als der wirtschaftlichste für die betrachtete Druckzone bestimmt ist. Der Einnahmeverlust errechnet sich aus dem Verkaufswert $\overline{w}$ der durch Rohrreibung bedingten Minderung $E_v$ der jährlichen Stromerzeugung ab Werk.

Mit $\overline{w}_E$ = Verkaufswert einer Kilowattstunde an den Stromerzeugerklemmen wäre

$$e_v = \overline{w}_E \cdot E_v \,.$$

Diese bisher allgemein übliche Berechnungsweise lediglich nach dem Energieverlust erfaßt aber nicht den bei Speicherwerken jeder Art viel wichtigeren Verlust an einsatzfähiger Spitzenleistung $N_a$ und sollte daher durch Mitberücksichtigung der mit einer Leistungsgebühr $\overline{w}_N$ zu bewertenden Einbuße an einsetzbarer Spitzenleistung neben dem mit $\overline{w}_E$ zu bewertenden Arbeitsverlust verbessert werden[113]).

113) Ludin, Hinweis in Wasserkraftanlagen (Springer, 1934) S. 193 unten.

Wir entwickeln mit:

$d$ = lichter Rohrdurchmesser (m)
$s$ = Wanddicke (m)
$k_z$ = zulässige Beanspruchung der Rohrwand im vollen Blech (t/m²)
$\varphi$ = Abminderungsbeiwert der Festigkeit (Gütegrad) der Rohrlängsnaht
$\gamma_s, \gamma$ = Raumgewicht von Stahl, Wasser (t/m³)
$t$ = Anzahl der Betriebsstunden im Jahr
$\overline{w}_E$ = Arbeitsgebühr ab Stromerzeugerklemmen (DM/kWh)
$\overline{w}_N$ = Leistungsgebühr ab Stromerzeugerklemmen (DM/Jahr je 1 kW)
$(\overline{w})$ = symbolisch für Summe von Leistungs- und Energiewert
$Q$ = wechselnde Beaufschlagung des Kraftwerks (m³/s)
$Q_a$ = Ausbau-Beaufschlagung des Kraftwerks
$n$ = Anzahl der gleich angenommenen Druckrohre
$Q/n$ = Beaufschlagung des Einzelstranges (m³/s)
$k$ = Geschwindigkeitsbeiwert der Formel von Chézy ($m^{1/2}s^{-1}$)
$H$ = größte gesamte Druckhöhe (stat. + dynam. Druck) im jeweils betrachteten Leitungsquerschnitt (m)
$\bar{k}_{st}$ = Jahreskosten einer Tonne eingebauten Stahls in DM/t · Jr. einschl. anteiliger, vom Durchmesser abhängiger Tiefbaukosten
$(1+\beta)$ Beiwert zur Berücksichtigung des Mehrgewichts der Niet- oder Schweißnähte, Muffen u. a. m. gegenüber dem Gewicht des glatten Blechmantels.

Jahreskosten der Leitung je m mit $s = \frac{\gamma \cdot d \cdot}{2 \cdot \varphi \cdot} \frac{H}{k_z}$:

$$k_R = \overline{k}_{st} \cdot \gamma_s \cdot \pi\,(1+\beta)\,\frac{\gamma \cdot H}{2 \cdot \varphi \cdot k_z}\,d^2 = C_1\,d^2$$

(unter Vernachlässigung von $s_R$ [Rostzuschlag!]).
Gefälleverlust nach Brahms-Chézy:

$$J = \left(\frac{v}{k}\right)^2 \cdot \frac{4}{d} = \left(\frac{4 \cdot Q/n}{\pi \cdot d^2 \cdot k}\right)^2 \cdot \frac{4}{d} = \frac{64 \cdot Q^2/n^2}{\pi^2 \cdot k^2} \cdot 1/d^5\,.$$

Leistungsverlust in kW je 1 m Leitung (bezogen auf Gen.-Klemmen):

$$J \cdot 1 \cdot \frac{\gamma \cdot 1000 \cdot \eta}{102} Q/n = \frac{64000 \cdot \eta \cdot Q^3/n^3}{102 \cdot \pi^2 \cdot k^2} \cdot \frac{1}{d^5} = C_2\, d^{-5}.$$

Entsprechender Einnahmeverlust:

$$e_v = (\overline{w})\, C_2\, d^{-5}\,.$$

In Verlust an Höchstleistung einzusetzen:

$$Q^3/n_3 = Q_a^3/n^3\,.$$

In Verlust an Jahresarbeit einzusetzen:

$$Q^3/n^3 = Q_a^3/n^3 \cdot \int\limits_0^{8760} \left(\frac{Q}{Q_a}\right)^3 \mathrm{d}t\,.$$

Jahreskosten der Leitung + Einnahmeverlust =

$k_R + e_v = C_1\, d^2 + (\overline{w})\, C_2\, d^{-5}$ werden Minimum für

$$\frac{d\,(k_R + e_v)}{d\,d} = 2\, C_1\, d - 5\,(\overline{w})\, C_2\, d^{-5} = 0 \qquad (41)$$

$$d_{\text{opt}} = \sqrt[7]{\frac{5}{2}(\overline{w})\, C_2/C_1} =$$

$$= \sqrt[7]{\frac{320000 \cdot \eta \left\{\overline{w}_N + \overline{w}_E \int \left(\frac{Q}{Q_a}\right)^3 \cdot \mathrm{d}t\right\} \cdot Q_a^3/n^3 \cdot \varphi \cdot k_z}{102 \cdot \pi^3 \cdot k^2 \cdot \overline{k}_{st} \cdot \gamma_s \cdot (1+\beta) \cdot \gamma \cdot H}} \qquad (42)$$

oder mit $\eta = 0{,}88 \cdot 0{,}94 = 0{,}83$; $(1+\beta) = 1{,}15$

$$d_{\text{opt}} = \sqrt[7]{\frac{9{,}3 \left\{\overline{w}_N + \overline{w}_E \int \left(\frac{Q}{Q_a}\right)^3 \cdot \mathrm{d}t\right\} \cdot Q_a^3/n^3 \cdot \varphi \cdot k_z}{k^2 \cdot \overline{k}_{st} \cdot H}}\,. \qquad (42a)$$

Beispielannahmen:

$$\overline{w}_N = 0{,}08 \cdot 500 = 40\, \frac{\text{DM}}{\text{Jr}} \Big/ \text{kW}$$

$$\overline{w}_E = 0{,}03\ \text{DM/kWh}$$

$$\varphi \cdot k_z = 10000\ \mathrm{t/m^2};\quad \int\limits_0^{8760} \left(\frac{Q}{Q_a}\right)^3 \cdot dt = 0{,}22 \cdot 8760 = 1920\ \mathrm{h/Jr}$$

$$k^2 = 5000\ \mathrm{m/s^2}$$

$$\bar{k}_{st} = 100\ \mathrm{DM/Jr/t}$$

$$d_{opt} = \sqrt[7]{\frac{9{,}3 \cdot (40 + 0{,}03 \cdot 1920) \cdot 10000 \cdot Q_a^3/n^3}{5000 \cdot 100 \cdot H}}$$

und z. B. für

$Q_a = 60\ \mathrm{m^3/s}$; $n = 3$; $H = 500\ \mathrm{m}$

$d_{opt} = 2{,}25\ \mathrm{m}$. $v_{opt} = 5{,}03\ \mathrm{m/s}$.

Für jede andere Druckzone $H_x$ ist einfach

$$d_{opt \cdot x} = d_{opt} \cdot \sqrt[7]{\frac{H}{H_x}}. \tag{43}$$

Die abgeleiteten Formeln gelten nur bis dahin, wo $s = \dfrac{\gamma \cdot H \cdot d}{2 \cdot \varphi \cdot k_z}$ gleich der aus konstruktiven Gründen erforderlichen Mindestwanddicke $s_k$ wird.

In dem ganzen Leitungsstück oberhalb dieser Druckzone gilt, wegen der Unabhängigkeit der Wanddicke vom Druck, die ähnlich abzuleitende Gleichung:

$$d_{opt \cdot k} = \sqrt[6]{\frac{9{,}3 \left(\bar{w}_N + \bar{w}_E \int\limits_0^{8760} \left[\frac{Q}{Q_a}\right]^3 \cdot dt\right) \cdot Q_a^3/n^3}{k^2 \cdot \bar{k}_{st} \cdot s_k}}. \tag{44}$$

## 7. Wasserschlösser

### a) Allgemeines

Am Übergang der schwach geneigten Zuleitung in die steiler abfallende Turbinenrohrleitung (Bd. I Abb. 2) wird in der Regel das Wasserschloß, ein Schwallschacht mit freiem Wasserspiegel oder ein Becken eingeschaltet, um die bei Belastungsänderungen in den Leitungen auftretenden Druck- und Spiegelschwankungen zu ermäßigen.

Je nach dem hydraulischen Charakter der Zuleitung kann man unterscheiden:

1. Druckwasserschloß (Schwallschacht), am Ende einer Druckleitung (Rohr oder Druckstollen),
2. Freispiegelwasserschloß, am Ende einer Freispiegelleitung (Kanal, Stollen).

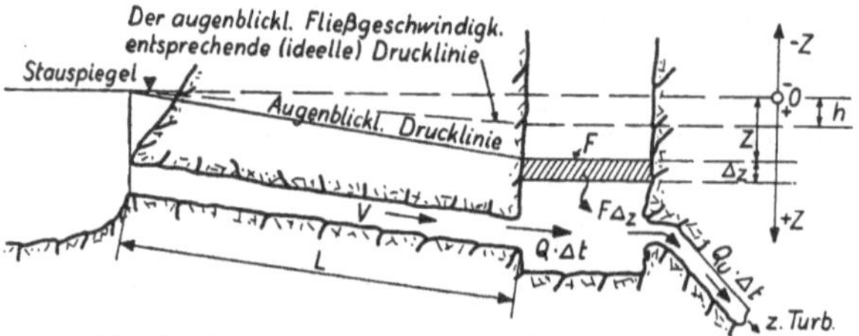


Abb. 72. Schematischer Längsschnitt durch Druckstollen, Wasserschloß und Turbinenrohrleitung

## b) Druckwasserschloß

Arbeitsweise (Abb. 72). Das Druckwasserschloß wirkt beim selbsttätigen Öffnen und Schließen der Turbinen als Speicher im kleinen, indem es beim Öffnen der Turbinen aus seinem Vorrat Wasser in die Turbinenleitung zuschießt, bis der Wasserinhalt der Zuleitung durch die dabei im Wasserschloß eintretende Spiegelsenkung genügend beschleunigt ist; beim Schließen der Turbinen speichert das Wasserschloß umgekehrt so lange das über den Bedarf aus der Zuleitung noch nachdrängende Wasser auf, bis der Zustrom durch die Spiegelhebung abgebremst ist. Hierbei wird abwechselnd potentielle Energie des Wasserschloßinhalts in kinetische des Stollenwassers umgewandelt und umgekehrt. Bei diesen Vorgängen kommt jeweils der ganze Wasserinhalt des Systems Druckstollen–Wasserschloß in beschleunigte oder verzögerte Bewegung, und infolge der Massenträgheit wird in der Regel die dem neuen Belastungszustand entsprechende Gleichgewichtslage des Wasserschloßspiegels erst nach längere Zeit hin- und hergehenden Schaukelschwingungen erreicht (Abb. 73)[114]. Die Elastizität des

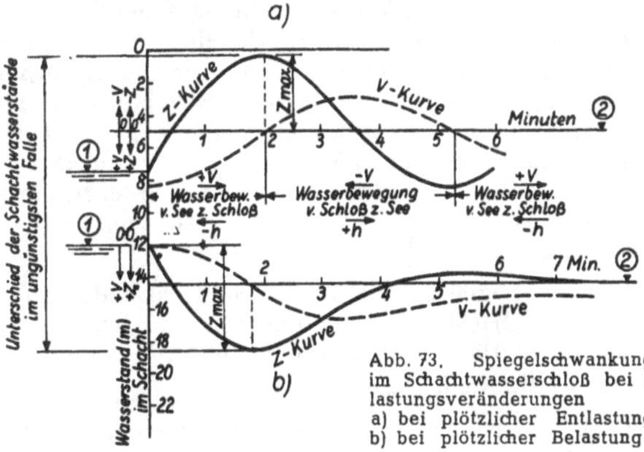


Abb. 73. Spiegelschwankungen im Schachtwasserschloß bei Belastungsveränderungen
a) bei plötzlicher Entlastung
b) bei plötzlicher Belastung

Wassers und der Stollenwandung und die durch sie bedingten molekularen Schwingungen innerhalb der Wassersäule spielen dabei nur eine untergeordnete Nebenrolle[115]. Das Wasserschloß schützt nicht nur die Zuleitung vor dem Eindringen der in den Turbinenrohren sich stoßweise entwickelnden hohen Druckschwankungen, sondern durch deren Reflexion zugleich auch die Turbinenrohre selbst (durch Abkürzung der Laufzeit der Druckwellen, vgl. S. 50).

Mit jeder Spiegelschwankung im Wasserschloß ist nun aber unweigerlich eine gleichsinnige und gleich große

114) Nur bei einem sehr weiten Wasserschloß kann es zu einem einfachen allmählichen Ubergang ohne Hin- und Herschwingung kommen.

115) Vgl. die Erörterung Winkel — Ludin in B. T 1938, H. 16 ff.

Schwankung der Nutzfallhöhe verbunden. Und da bei vom Netz her gegebenem Leistungsverlangen der entsprechende Wasserbedarf der Nutzfallhöhe umgekehrt proportional ist, ergibt sich in jedem Fall eine (sekundäre) Vergrößerung der einmal eingeleiteten Spiegelschwankung im Wasserschloß. Sind nun die Spiegelschwankungen im Verhältnis zur Nutzfallhöhe des Kraftwerks groß, so kann es durch den angedeuteten Zusammenhang zu stehenden oder sogar angefachten Schwingungen kommen, die dem Betrieb große Schwierigkeiten bereiten. Je kleiner im Verhältnis zum Querschnitt der Zuleitung die Spiegelfläche des Wasserschlosses ist, um so größer und schneller werden, wie leicht einzusehen, die Ausschläge des Wasserschloßspiegels und um so geringer dessen Schwingungsstabilität.

Thoma hat zuerst (S. 116) die Stabilitätsbedingungen von Schwallschächten exakt untersucht und eine Formel für den erforderlichen Mindestquerschnitt $F_{Th}$ des Schwallschachtes aufgestellt (vgl. S. 133).

aa) Wirtschaftliche Ausbildung. Bei sehr langen Druckstollen und besonders im Anschluß an Talsperren mit großer Abarbeitungshöhe erfordert das wegen seiner einfachen Bauweise anfänglich bevorzugte, rein zylindrische Schachtwasserschloß einen sehr umfangreichen Felsausbruch. Die Nutzwirkung eines Kubikmeters Schwallschachtraum für die Änderung der Zuflußmenge ist naturgemäß um so größer, je weiter derselbe über bzw. unter dem Ausgangsspiegel liegt. Man schritt daher bald zur Aufteilung des gesamten Wasserschloßraumes in eine untere und obere Kammer (Abb. 74, II) und einen verbindenden (äußerstenfalls bis nahe an die Stabilitätsgrenze verengten) Steigschacht. Hierdurch wird der Wasserschloßspiegel bei einem Ausschlag schneller in die Nähe seiner zulässigen Grenzlage gebracht und die zur Verzögerung oder Beschleunigung des Stolleninhalts benötigte Zeit abgekürzt, während durch die weiträumigen

Kammern die Gesamthöhe der Spiegelschwankung begrenzt wird. Eine weitere Möglichkeit zum schnellen Erzeugen einer größeren Beschleunigungs- oder Verzögerungsdruckhöhe liegt in der Einschaltung eines hydraulischen Widerstandes (Drossel) an Stelle der freien Verbindung zwischen Druckstollen und Wasserschloß. Oft werden auch beide Möglichkeiten nebeneinander benutzt, wie bei dem sogenannten Differentialwasserschloß nach Johnson. Abb. 74 zeigt in schematischer Darstellung die verschiedenen typischen Formen wirtschaftlich gestalteter Wasserschlösser. In der Ausbildung der Kammern (meistens als Quer- oder Ringstollen, die obere Kammer auch als offenes Becken) hat die Praxis vielerlei Varianten entwickelt (Abb. 75—77).

Bei freier Durchleitung des Stollenwassers durch das Wasserschloß (Abb. 74, I) geht mindestens die Geschwindigkeitshöhe der Stollenströmung an der Nutzfallhöhe verloren. Dies kann durch seitlichen Anschluß des Wasserschlosses oder durch Anordnung des Wasserschlosses über der Zuleitung verbessert werden.

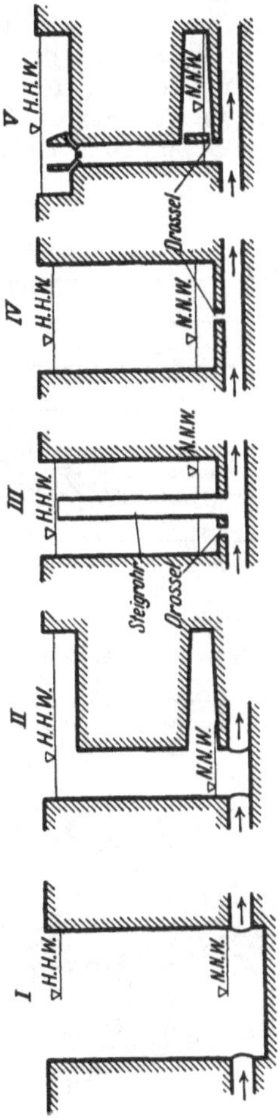


Abb. 74. Grundformen von Schwallschächten. I. Einfacher Schacht — II. Zweikammerschacht — III. Differentialwasserschloß nach Johnson — IV. Gedrosseltes Schachtwasserschloß — V. Zweikammerschloß mit Differentialanordnung

Die Anordnung des Schwallschachtes seitlich des geschlossenen Zuges „Druckstollen–Turbinenleitung" kann aber bei allzu enger Bemessung des Verbindungsstollens zum Schwallschacht und des Drosselorgans ein stärkeres Eindringen der von der Turbinenleitung herkommenden Druckstöße in den Zulaufstollen heraufbeschwören.

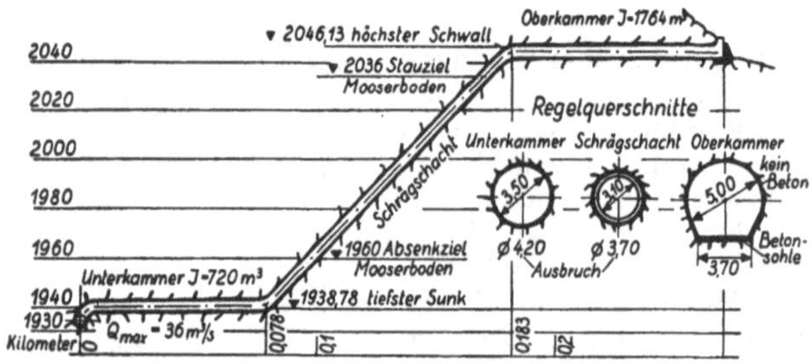


Abb. 75. Wasserschloß der Kaprun-Oberstufe der Tauernkraftwerke AG. (Öst. Z. f. Eltwi. 1956. H. 4)

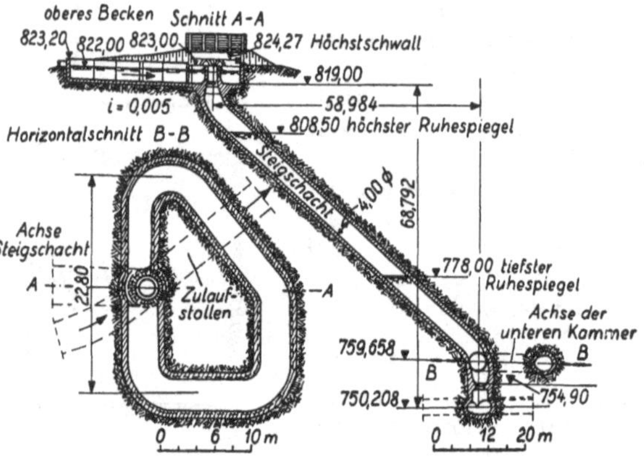


Abb. 76. Wasserschloß der WKA Lana (Südtirol) (Bauing. 1956 H. 9)

bb) Hydraulische Berechnung. Allgemeines: Der Ermittlung des größten Spiegelanstiegs wird in der Regel die Annahme plötzlicher Abschaltung von Vollbeaufschlagung auf Stillstand (bei gleichzeitig höchstem Stauspiegel vor der Wasserfassung) zugrunde gelegt. Dieser Fall kann bei allen Kraftwerken mit Rohrbruchsicherung durch selbsttätige Drosselklappen (Abb. 79) und auch bei Kurzschluß vom Netz her tatsächlich eintreten.

Den tiefsten im Betrieb zu erwartenden Spiegelausschlag (bei gleichzeitig tiefstem Stand vor der Zuleitung) berechnet man in der Regel unter Annahme einer Steigerung der Kraftwerksleistung von 50 auf 100 % der Vollast in kleineren und isolierten Kraftwerken oder von 70 bis 85 % auf 100 % der Vollast bei größeren Anlagen. Wenn eine solche Anlage zur alleinigen Spitzendeckung („Frequenzfahren") auf ein großes Netz eingesetzt werden soll, müssen unter Umständen die Anforderungen in bezug auf Belastungsfähigkeit noch darüber hinaus gesteigert werden. Immer ist mit reichlicher Sicherheitszugabe auf genügend tiefe Lage der Einläufe der Turbinenrohre, und auch des Druckstollens, unter dem tiefsten Wasserspiegel des Schwallschachtes zu achten, damit das Eintreten von Luft in diese Leitungen mit Sicherheit verhütet bleibt.

---

116) Für eingehende Untersuchungen sei aus der sehr umfangreichen Zeitschriften- und Buchliteratur nur auf nachstehende Arbeiten verwiesen:

1. Thoma, Zur Theorie des Wasserschlosses bei selbsttätig geregelten Turbinenanlagen. München 1910.
2. Vogt, Berechnung u. Konstruktion des Wasserschlosses. Ferdinand Enke, Stuttgart, 1923.
3. Mühlhofer, Zeichnerische Bestimmung der Spiegelbewegungen in Wasserschlössern v. Wasserkraftanlagen mit unter Druck durchflossenem Zulaufgerinne. Berlin, 1924, Springer.
4. Calame-Gaden, Théorie des chambres d'équilibre. Gauthier-Villars, Paris, 1926.
5. Streck, Das Wasserschloß bei Hochdruckspeicheranlagen. Springer, Berlin, 1929.
6. Frank-Schüller, Schwingungen in den Zuleitungs- und Ableitungskanälen bei Wasserkraftanlagen. Springer, Berlin, 1938 u. 1955.
7. Jaeger, Technische Hydraulik. Birkhäuser Basel, 1949.
8. Jaeger, Present trends in surge tank design. Proc. of. Inst. of Mech. Eng. Nr. 2, Vol. 168, 1954 und Water Power, 1954, Heft 1, S. 12.

Formelentwicklung:[116])

Verwendete Bezeichnungen (Abb. 72):

$L$ = Länge der Zuleitung (Druckstollen) (m)
$f$ = Querschnitt der Zuleitung ($m^2$)
$F$ = waagrechter Querschnitt des Wasserschlosses ($m^2$)
$H$ = Bruttofallhöhe der Wasserkraftanlage (m)
$H_n$ = Nutzfallhöhe der Wasserkraftanlage (m)
$Q_0$ = Wasserführung der Zuleitung bei Vollastbeharrungszustand ($m^3/s$)
$Q$ = augenblickliche Wasserführung der Zuleitung ($m^3/s$)
$Q_u$ = augenblicklicher Wasserverbrauch der Turbinen ($m^3/s$)
$v = \frac{Q}{f}$ = Wassergeschwindigkeit in der Zuleitung (m/s)
$v_0$ = Wassergeschwindigkeit in der Zuleitung bei Vollastbeharrungszustand (m/s)
$h = b \cdot v^2$ = Fallhöhenverlust in der Zuleitung entsprechend der Geschwindigkeit $v$. Bei Rückströmung negativ einzusetzen! (m)
$h_0 = b \cdot v_0^2$ = Fallhöhenverlust in der Zuleitung bei Vollastbeharrungszustand $v_0$ (m)

$$b = \frac{1}{2g}\left(1 + \zeta + \frac{L \cdot 2g}{R^{4/3} \cdot k_s^2}\right)$$

$R$ = hydraulischer Radius der Zuleitung ( $= d/4$ bei Kreisprofil) (m)
$\zeta$ = Widerstandsziffer für Eintritts- und ähnliche örtliche Verluste
$k_s$ = Rauhigkeitsbeiwert der Zuleitung (Strickler)
$z$ = Wasserspiegellage im Wasserschloß, bezogen auf Umleitungs-OW-Spiegel (Staubecken), positiv nach abwärts (m)
$z_0$ = Wasserspiegellage im Wasserschloß bei Vollast (m)
$z_{max}$ = höchste bzw. tiefste Wasserspiegellage im Wasserschloß (m)
$\gamma$ = Raumgewicht des Wassers = 1 ($t/m^3$)
$t$ = Zeit (s)
$g$ = Beschleunigung der Schwerkraft ($m/s^2$)
$K = \gamma f' (z-h)$ beschleunigender Wasserdruck auf den Stolleninhalt abzüglich Reibungswiderstand (t).

---

(s. Note auf S. 131)

Maßgebend ist für die, immer zuerst zu prüfende, Schwingungsstabilität des Wasserschlosses der Verhältniswert

$$\varepsilon = \frac{\text{Kinetische Energie des Wassers im Stollen}}{\text{Potentielle Energie des Wassers im Wasserschloß}}$$

$$\varepsilon = \frac{L f v_0^2}{g F h_0^2}.$$

Nach Thoma und Vogt müssen, damit nicht stehende oder gar angefachte Schwingungen eintreten, folgende zwei Bedingungen erfüllt sein:

1. $\beta = \frac{h_0}{H} < 1/3$ (in praxi aus wirtschaftlichen Gründen immer erfüllt!)

2. $\varepsilon < 2\,\frac{1-\beta}{\beta}$ oder $< 2 \cdot (H/h_0 - 1)$.

Nach Einsetzung der Ausdrücke für $\varepsilon$, $h_0$ usw. gelangt man zu der Thomaschen Stabilitätsbedingung (in der Vogtschen Form!):

$$F_{\text{Grenz}} > \frac{K f^{1.5}}{H_n}. \tag{45}$$

Hierin ist $K = \frac{x \cdot k_s^2}{4 g \psi \sqrt{\pi}}$. (46)

Mit den Streckschen Beiwerten $x = 1{,}05$. $\psi = 0{,}97$ erhält man $K =$ rd. $0{,}015\, k_s^2$

$$F_{\text{Grenz}} > \text{rd.} \frac{f^{1,5}}{H_n} \cdot 0{,}015\, k_s^2. \tag{47}$$

Mit einem anzuempfehlenden Sicherheitsfaktor 2,0 erhält man schließlich

$$F_{\text{Grenz}} > \frac{f^{1,5}}{H_n} \cdot 0{,}03\, k_s^2.$$

Für die Verfolgung der dynamischen Vorgänge im System Zuleitungsstollen — Schachtwasserschloß stehen zur Verfügung:

1. Die Kontinuitätsbedingung
   Zufluß + Schwallraumentnahme = Abfluß

$$Q \cdot \mathrm{d}t + F \cdot \mathrm{d}z = Q_u \cdot \mathrm{d}t \tag{48}$$

oder

$$\mathrm{d}z = \frac{Q_u - f \cdot v}{F} \cdot \mathrm{d}t\,. \tag{49}$$

2. Die Beschleunigungsgleichung für den Wasserinhalt der Zuleitung:

$$K = m \cdot \frac{\mathrm{d}v}{\mathrm{d}t} \qquad \mathrm{d}v = (K/m)\,\mathrm{d}t \tag{50}$$

Kraft = Masse des Stolleninhalts · Beschleunigung. (Die Beschleunigung des Wasserschloßinhalts kann bei nicht ungewöhnlich hohen und engen Schächten außer Betracht bleiben.) Wir entwickeln:

$$K = \gamma f \cdot (z - h) \tag{51}$$

$$m = \frac{\gamma}{g} \cdot L \cdot f \tag{52}$$

$$\mathrm{d}v = \frac{g\,(z - h)}{L} \cdot \mathrm{d}t\,. \tag{53}$$

Nach Anregung Mayrs[117]) ersetzt man, um den Schwingungsverlauf schrittweise zu verfolgen, die Differentiale d$t$, d$z$ und d$v$ durch endliche Differenzen $\Delta t$, $\Delta z$ und $\Delta v$. Es ist dann (mit $e$ = Ende, $a$ = Anfang eines Zeitintervalls)

1. $$\Delta z = \frac{Q_u}{F} \cdot \Delta t - \frac{f}{F} \cdot v \cdot \Delta t\,, \tag{49a}$$

$$z_e = z_a + \Delta z\,; \tag{54}$$

2. $$\Delta v = \frac{g}{L} \cdot z \cdot \Delta t - \frac{g}{L} \cdot b \cdot v^2 \cdot \Delta t\,, \tag{50a}$$

$$v_e = v_a + \Delta v\,. \tag{55}$$

---

117) Pressel, Beitrag zur Bemessung des Inhaltes von Wasserschlössern. Schw. Bauz. Bd. 53 (1909/I) und Bemerkung dazu von Mayr.

Diese Rechnung wird Schritt um Schritt auf den jeweils folgenden Zeitabschnitt $\Delta t$ angewandt[118]), wobei vorkommende Drosselwiderstände und Wechsel im Wasserschloßquerschnitt und auch in der Beaufschlagung leicht berücksichtigt werden können.

Die Integration der beiden simultanen Differentialgleichungen (49) und (53) ist in allgemeiner Form nicht möglich, wohl aber für die Grenzfälle des ersten unteren und oberen Schwingungsmaximums.

Für plötzliche vollständige Entlastung von Vollast auf Null in einfachen Schachtwasserschlössern hat Ph. Forchheimer[119]) für den größten Spiegelanstieg über den Ruhewasserspiegel den Ausdruck aufgestellt:

$$(m \cdot z_{\max} + 1) - \ln (m \cdot z_{\max} + 1) = m \cdot h_1 + 1 . \qquad (56)$$

Hierin bezeichnet

$$m = \frac{t^2 \cdot b \cdot g}{L} \cdot \frac{F}{f} ; \quad h_1 = b \cdot v_1^2 \text{ (Ausgangszustand).}$$

Die Auflösung der Gleichung 56 kann leicht graphisch nach Aufzeichnung der Kurve der natürlichen Logarithmen erfolgen.

Für plötzliches Öffnen von Null auf Vollast gibt Forchheimer für das ungedämpfte Schachtwasserschloß die Spiegelabsenkung mit [119])

$$z_{\max} = 0{,}178 \cdot h_0 + \sqrt{(0{,}178 \cdot h_0)^2 + \frac{f \cdot L \cdot v_0^2}{F \cdot g}} . \qquad (57)$$

Für plötzliches Öffnen von $n = 0{,}5$ bis 0,7 auf 1,00 gibt für den größten Ausschlag (Absenkung) im ungedrosselten, zylindrischen Wasserschloß Vogt die Näherungsformel

$$Z_{a\max} = h_0 \left[ \left\{ 1 + \sqrt{\varepsilon - 0{,}275 \sqrt{n} + \frac{0{,}05}{\varepsilon}} - 0{,}9 \right\} \cdot \right.$$
$$\left. \cdot (1 - n) \left( 1 - \frac{n}{0{,}62} \right) \right] ,$$

118) Beispiel in O. Streck, Grund- und Wasserbau in praktischen Beispielen. Springer, Berlin, 1950, S. 342.

119) s. Ph. Forchheimer, Hydraulik, 2. Auflage, Teubner, Berlin 1924.

$$\varepsilon = \frac{L \cdot f \cdot v_0^2}{g \cdot F \cdot h_0^2}; \quad h_0 = b \cdot v_0^2; \quad n = \frac{Q}{Q_0} = \text{Belastungsgrad}.$$

$Z_{a\,max}$ wird vom Ruhespiegel (Staubeckenspiegel) aus abwärts gemessen.

Um den Unsicherheiten in der Bestimmung der Fließwiderstände ($h = b \cdot v^2$) Rechnung zu tragen, wird man für Öffnen der Turbinen (Belastungssteigerung) mit dem Höchstwert von $b$ (d. h. niedrigem $k$-Wert, $k = 70$—$75$ nach Strickler) und für „Schließen" (Belastungsverminderung) mit dem Mindestwert von $b$ (d. h. hohem $k$-Wert $= 85$—$95$), der in Betracht kommen kann, rechnen.

Für die formelmäßige Berechnung der Kammer- und gedrosselten Wasserschlösser wird auf die Veröffentlichungen in Fußnoten S. 131 verwiesen. Frank-Schüller bringen sehr übersichtliche Nomogramme und Zahlentafeln, welche diese Berechnungen wesentlich erleichtern. Graphische Berechnungsverfahren hat zuerst Schoklitsch entwickelt, siehe Hdb. d. Wasserbaues, Springer-Verlag Wien 1952 S. 52.

cc) Sonderausführungen der Druckwasserschlösser. Zwischenschwallschächte[120]) ergeben sich ungewollt, wenn an Druckzuleitungen Nebenwasserfassungen durch Fallschächte angeschlossen werden. Sie machen das Hauptwasserschloß nicht überflüssig. Ihre Einführung von Wasser ohne Rücksicht auf den tatsächlichen Bedarf kann nach Vogt einen ungünstigen Einfluß auf die Stabilität ausüben.

Zwillingswasserschlösser sind unter Umständen zweckmäßig bei Zusammenführung zweier getrennter Zuleitungen (Zwieselanlagen). Sie bestehen aus zwei nebeneinander angeordneten Schwallschächten, die durch einen Verbindungsstollen verbunden sind und ent-

---

120) W. Straubel, Zur Theorie gekuppelter Wasserschlösser bei selbsttätig geregelten Turbinenanlagen. Wkr. und Wawi. 1943, H. 10, S. 252. Escande in Houille Blanche 1950 ff. Zahlreiche Aufsätze.

weder getrennt je ein Kraftwerk versorgen oder gemeinsam ein einziges.

Ein solches Wasserschloßsystem ergibt sich auch zwangsläufig bei Erweiterung eines bestehenden, zu kleinen Wasserschlosses oder wenn ein einziges Wasserschloß zu große Abmessungen erhalten würde (W. A. Doblari, Jugoslawien).

Unterwasserschwallkammer[121]) (Abb. 77): Besteht die Triebwasserableitung aus einem langen Druckstollen, wie manchmal bei Untertagekraftwerken (Bd. I

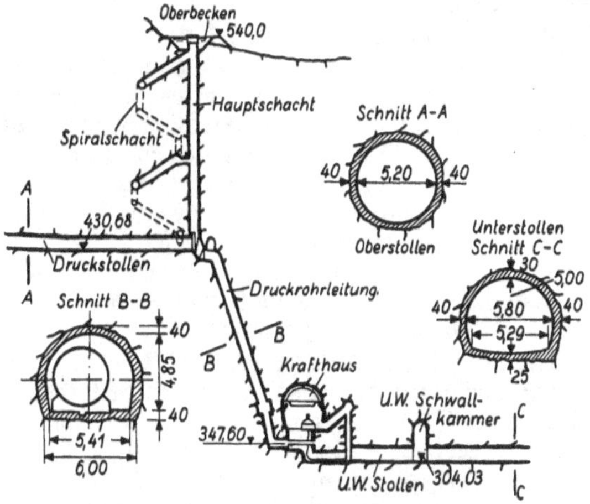


Abb. 77. Wasserschloß und Unterwasser-Schwallkammer der WKA Santa Giustina (Italien) (Schweiz W. u. En. Wi. 1955, Heft 8)

S. 105), mit Überdruckturbinen, so ist hinter dem Turbinenauslauf ein Schwallschacht nötig, um zu verhindern, daß bei Schließen der Turbinen ein Abreißen der Wassersäule im Saugrohr und beim Öffnen eine über-

121) Escande u. R. Huron, Stability of a two-surgechamber system. Water Power Sept. 1953.

mäßige Drucksteigerung im Unterwasserdruckstollen und rückwirkend in den Turbinen stattfindet.

Das obere Wasserschloß am Werkseinlaß und das untere Wasserschloß in der Ableitung stehen bei Überdruckturbinen in hydraulischer Kommunikation und beeinflussen sich daher gegenseitig. Für die Berechnung eines solchen Wasserschloßsystems wird auf Vogt, Frank-Schüller, Jaeger, Escande verwiesen. Blind[122]) hat in eingehender Systematik die bei langen Unterwasserstollen, auch bei freiem Spiegel, zu beachtenden hydrodynamischen Bedingungen untersucht. [122a])

dd) Konstruktive Gesichtspunkte. Die unterirdische Anordnung als Schacht- oder als Kammerwasserschloß erfolgt allgemein nur im gewachsenen Fels. Die Auskleidung mit Beton- oder Stahlbetonschale, Mörtel- oder Betonspritzüberzug richtet sich nach der Standfestigkeit des Gebirges. Bei teilweise sehr gutem Gebirge wird auch wohl eine nur zonenweise Verkleidung vorgesehen. In Wasserschlössern von großer Höhe (Hochdruckspeicheranlagen) kann eine völlig unterschiedliche Behandlung der oberen und unteren Kammer und des Steigschachtes notwendig werden.

Die halboberirdische Anordnung wird gewählt, um an Länge der Turbinenrohrleitung zu sparen. Hierbei wird das Wasserschloß so weit gegen den Hang hinaus verschoben, daß die obere Kammer in oder über die Fels- oder Geländelinie zu liegen kommt und als dem Hang angepaßtes Becken oder als Stahlbetonbehälter ausgebildet werden kann (Abb. 76).

Statt eines senkrechten Steigschachtes kann auch ein in der Hangneigung geschlagener Stollen oder ein schräges Eisenbeton- oder Stahlrohr ausgeführt werden.

---

122) H. Blind, „Nichtstationäre Strömungen im Unterwasserstollen" in Veröff. z. Erforschg. d. Druckstoßprobleme (Tölke) Heft 2, Springer-Verlag, Berlin, 1956.

122a) P. Franke, Berechnung des Schwingungsverlaufes in (zwei) Wasserschlössern (im O. W. u. U. W.) Bauing. 1956, H. 3.

Bei ganz oberirdischer Anordnung steht das Wasserschloß frei und ist als Stahlbeton- oder Stahlbehälter, auch als Gerüst-Hochbehälter, ausgebildet.

Wird bei einem Wasserschloß zur Beschränkung der Bauhöhe ein Überlauf vorgesehen, so ist für eine sichere Ableitung des Wassers in Ablaufgerinnen Sorge zu tragen. Die Überlaufwassermenge geht hierbei der Energiegewinnung verloren (Abb. 78).

Jedes Wasserschloß muß gesicherte und ausreichende Verbindung mit der freien Luft haben, da bei großen Belastungsänderungen sehr starke Luftbewegungen hervorgerufen werden.

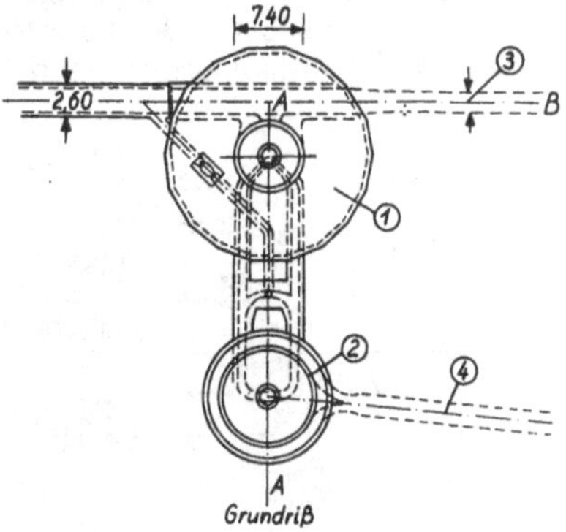


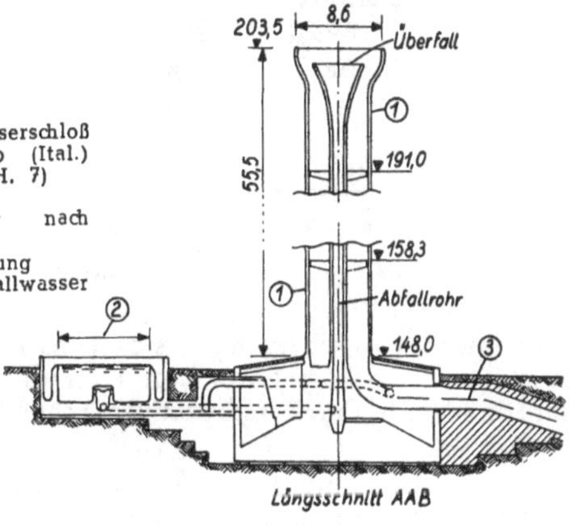


Abb. 78. Turmwasserschloß der WKA Istrago (Ital.) (Die Wawi. 1956 H. 7)
1. Turmschacht
2. Energieverzehrer nach Kreuther
3. Turbinenrohrleitung
4. Ablauf f. Überfallwasser

ee) Ausrüstung. Im Wasserschloß findet man zuweilen vor dem Auslauf (Druckstollen, Druckrohrleitung oder Druckschacht) eine niedrige Schwelle und hinter dieser wohl auch noch einen Feinrechen von geringer Höhe angeordnet, der Fremdkörper (Schwerstoffe, in der Zuleitung abgefallene Gesteins- oder Betonstücke) zurückhalten soll. Ein „Spülrohr" mit Schieber nützt beim Leerlaufenlassen des Druckstollens. Verschlüsse am Wasserschloßauslauf ordnet man in der Regel heute nur

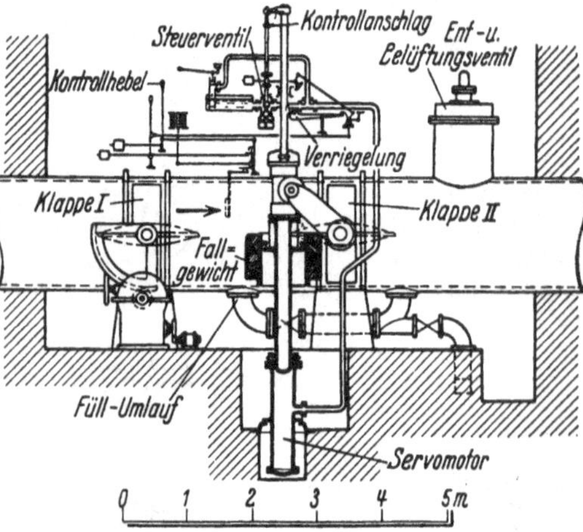


Abb. 79. Einlaßverschluß einer Druckrohrleitung mit Rohrbruchsicherung.
(Fließpfeil weist auf Auslösependel der Rohrbruchsicherung)

noch hinter dem Übergang des Stollens in die Turbinendruckrohre, meist in Form von Drosselklappen, an, die auf Rohrbruch durch selbsttätiges Schließen ansprechen (Abb. 79).

Die obere Kammer ist häufig von besonderen Zugangsstollen aus zu erreichen. Der Steigschacht erhält zu Kontrollzwecken eine Steigleiter, umlaufende Treppe oder eine Fahrstuhlbühne.

### c) Freispiegel-Wasserschloß

aa) Allgemeine Anordnung. Die Schwall- und Sunkhöhen beim Schließen und Öffnen der Turbinen fallen im Freispiegelwasserschloß viel kleiner aus als im Druckwasserschloß, weil die Freispiegelzuleitung in ihrer ganzen Ausdehnung als Speicher mitwirkt. Nur wenn das Wasserschloß gleichzeitig (oder in erster Linie) als Schwallbecken für Tagesspeicherung angelegt ist, wird es mit seiner dadurch bedingten großen Oberfläche dazu beitragen, die Schwall- und Sunkbildung sehr erheblich zu dämpfen. An sich ist es aber die Hauptaufgabe des Freispiegelwasserschlosses, den hydraulisch gut wirksamen Übergang von den engen und tiefen Querschnitten des Zuleitungsgerinnes oder -kanals auf die in mehr oder minder breiter Front nebeneinandergereihten Einläufe zu den Turbinenrohren oder -schächten zu bilden; es wird darum auch als „Vorbecken“ oder Verteilungsbecken bezeichnet.

Die Breite und Tiefe des Vorbeckens wird im wesentlichen durch die Abmessungen des Einlaufbauwerkes und des davor oder darin angeordneten Turbinenrechens bestimmt. Um das Auftreten von energieverzehrenden Wir-

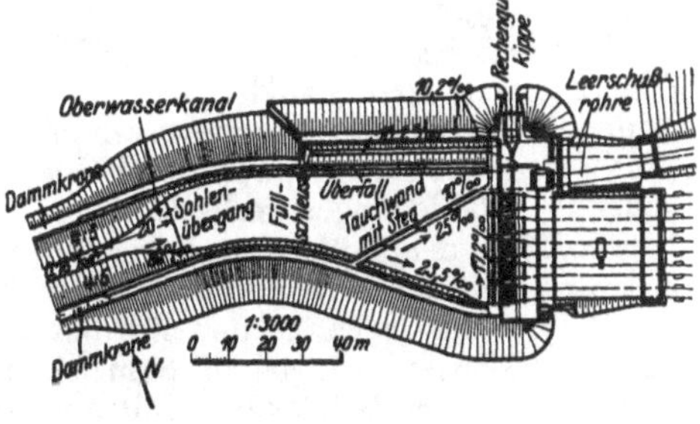


Abb. 80. Vorbecken der WKA Burghausen (Alzwerke)

beln und Walzen möglichst zu verhindern, führt man die Kanalwandung und -sohle in schlanken Linien in das Endprofil des Vorbeckens am Werkseinlauf über, wobei man die Breite und Tiefe auf das unbedingt notwendige Maß beschränkt (s. Abb. 80). Hierdurch erreicht man außerdem, daß die Fließgeschwindigkeit des Triebwassers nicht zu weit verringert und ein übermäßiges Ausfallen von Sinkstoffen mit Bildung lästiger Schlammablagerungen im Vorbecken möglichst vermieden wird.

Zum Reinigen des Kanals und des Wasserschlosses werden Spülschützen angeordnet, die gleichzeitig als Leerlauf dienen. Man muß sich aber klar darüber sein, daß man im allgemeinen nur bei abgesenktem Kanalspiegel eine genügende Spülwirkung wird erreichen können. Vielfach wird sie auch dann noch ungenügend sein, so daß nichts anderes übrigbleibt, als die Ablagerungen unter Wasser oder bei entleertem Kanal auszubaggern.

Zur Ableitung antreibender Eisschollen ist ein seitlicher Überfall mit Senkverschluß vorzusehen. Ist mit starkem Eisanfall zu rechnen, so ordnet man schräg und vor den Rechen vorgezogen eine Tauchwand an.

Zur Erleichterung der, heute meist maschinellen, Reinigung des Turbinenrechens wird derselbe in der Regel in einheitlich durchgehender Fläche von den Turbineneinlaufpfeilern und nur bei sehr hartem Winterklima aufgeteilt zwischen denselben und im Schutz von Notverschlüssen angeordnet.

Überschußwasser leitet man mittels Überfällen, Hebern oder automatischen Stauklappen nach Schußrinnen oder -rohren ab, die über energieverzehrende Einrichtungen (Tosbecken, Kreutherbremsen) ins Werk-UW führen. Eingehende Überlegungen erfordert die Festlegung der Überfallkote der Entlastungseinrichtungen. Bei kurzen Zuleitungskanälen wird man sie in der Regel auf Höhe der Wehrwaage legen, so daß sich bei abgestellten Turbinen das Wasser im Kanal auf Stauziel ausspiegeln kann. Dies würde aber bei langen Zuleitungskanälen unwirtschaftlich hohe Kanalböschungen erfordern. Die Höhenlage der Überfallkante hängt dann hauptsächlich davon ab, wie weit man den Kanal als Speicherbecken heranziehen will.

Das Auftreten von Schwallwellen im Kanal wird sich nur dann verhindern oder wenigstens stark dämpfen lassen, wenn man in oder nahe dem Vorbecken am Kanal einen längeren Überfall oder einen elektrisch vom Krafthaus her vor gesteuerten Auslaufverschluß anordnet. Der Schwall wandert nämlich mit einer verhältnismäßig großen Geschwindigkeit kanalaufwärts, so daß normal, d. h. knapp bemessene Entlastungseinrichtungen (Überfälle, Heber, Stauklappen u. ä.) nicht ausreichen, ihn wirksam zu erniedrigen; vgl. die ähnlich liegenden Aufgaben an Flußstaukraftwerken[123]).

Um die Eintrittsverluste möglichst niedrig zu halten, ist der Einlauf zur Turbinenleitung stromlinienförmig auszubilden. Als Absperrorgane wählt man gewöhnlich Tafel- oder Segmentschützen, die, um an Schützenfläche zu sparen, möglichst am Ende der Einlauftrompete angeordnet werden. Diese Schützen werden vorteilhafterweise als Fallschützen ausgebildet, die elektromagnetisch vom Krafthaus aus und bei Rohrbruch automatisch ausgelöst werden. Eine geeignete Be- und Entlüftungseinrichtung ist auch hier vorzusehen (vgl. S. 140).

Bei größeren Anlagen errichtet man meistens über der Einlaufapparatur ein besonderes Gebäude, das im Winter die kalte Außenluft abhält.

bb) Gründungsfragen. Freispiegelwasserschlösser am Ende langer Oberkanäle kommen naturgemäß oft in Lockergesteine (Terrassenschotter, Sande usw.) zu liegen, und dies, je nachdem im Einschnitt, einseitigen Anschnitt oder ganz über Gelände zwischen Dämmen und Mauern. Dabei ist besondere Sorgfalt auf gute, allseitige Abdichtung der Abschlußbauwerke und sachgemäße un-

123) Wittmann u. Bleines, Kraftwerksschwalle u. Schiffahrt. Schw. Bauz. 1953, H. 34.

schädliche Fassung und Ableitung des Sickerwassers zu legen. Sickerwasseransammlungen und Sickerwasseraustritte können Hangrutschungen und Setzungen des Untergrundes der Bauwerke hervorrufen. Die Gründung der Bauwerke, namentlich des Werkseinlasses, ist daher bis auf eine undurchlässige Schicht herunterzuführen oder durch tiefreichende Spundwände an sie anzuschließen (vgl. WKA Deichow Bd. I S. 26 und 98).

## 8. Krafthaus

### a) Anordnung

Für die Platzwahl und Stellung des Krafthauses im Gelände sind bestimmend: die Art der Zu- und Ableitung des Triebwassers, die Geländeform, der Baugrund, die Stände des Grund- und Oberflächenwassers, die Zufahrtsverhältnisse (Gleisanschluß bei Großanlagen). Diese äußeren Bedingungen beeinflussen mehr oder minder auch die innere Raumgliederung und Grundrißgestaltung des Krafthauses, für die jedoch in erster Linie die Zahl, Größe und Bauform der Turbinen und Stromerzeuger maßgebend sind. Enge Zusammenarbeit von Maschinen-, Elektro-, Bauingenieur und Architekten ist daher beim Entwerfen des Krafthauses wichtiger als bei jedem anderen Teil einer Wasserkraftanlage!

### b) Gestaltung und Aufteilung

Das Krafthaus umfaßt das Maschinenhaus mit Nebenräumen und Anbauten; das Maschinenhaus gliedert sich in den Unterbau oder Krafthaustiefbau und den Überbau oder Krafthaushochbau. Als Grundlage der Entwurfsbearbeitung ist ein Raumbedarfsprogramm aufzustellen, das die Erfahrungen und Wünsche des Betriebs sorgfältig berücksichtigen sollte.

In dem Maschinenhaus werden untergebracht: Turbinen, Stromerzeuger (Generatoren), zugehörige Hilfsmaschinen und -apparate (Turbinenregler, Erregermaschinen, Drucköl- und Sickerwasserpumpen, Druckluftkessel),

Laufkran, Triebwasseranschlüsse, Meß-, Prüf- und Schaltgeräte sowie Stromschienen oder -kabel zur Fortleitung der Energie.

Die Nebenräume enthalten: Schaltwarte, Innenraumschaltanlage, Umspanner für Eigenstrombedarf, Relaisanlage, Batterieraum, Werkstatt, Lager, Büros und sanitäre Räume. Die Umspanner (Transformatoren) von Erzeugungs- auf Übertragungsspannung sowie die Hochspannungsschaltanlage werden in einem eigenen Gebäude (Schalthaus), meist aber offen auf der Unterwasserseite oder abseits, bei großen Anlagen in einer Freiluftaufspannanlage, aufgestellt.

Der Krafthaustiefbau muß den Turbinen und Stromerzeugern ein sicheres Fundament bieten, das die statischen Kräfte des Maschinengewichtes und die dynamischen Kraftwirkungen der umlaufenden Maschinenteile (Turbinenlaufrad, -welle, Generatorläufer), vor allem auch die Umfangskräfte bei Kurzschluß und Anlaufen aufnehmen und sicher in den tragfähigen Untergrund leiten kann. Der Tiefbau enthält die Zu- und Ableitungen des Triebwassers und zahlreiche andere auszusparende Hohlräume, wie Kanäle, Treppen, Gänge, Schächte für Fortleitung der elektrischen Energie, Zu- und Abführung von Frisch- und Abluft, Zugang zu den Maschinen und die verschiedenen Rohrleitungen für Drucköl, -wasser und -luft. Schließlich ist der Unterbau auch das Fundament für den Krafthausüberbau.

Die Fußbodenkonstruktion der Halle, als Gewölbe oder Stahlbetonplatten über die Unterwasserpfeiler gespannt, muß so stark sein, daß bei Montagevorgängen mehrere schwere Stücke an beliebiger Stelle nebeneinander abgesetzt werden können. Auch darf ein Schwingen und Zittern des Fußbodens im Betrieb nicht eintreten. Eine rechnungsmäßige Belastung von 1 bis 2 t/m² entspricht in der Regel diesen Forderungen. Sämtliche Räume des Hochbaus müssen gegen aufsteigende Grundfeuchtigkeit und gegen Druckwasser aus nebenliegenden wasserdurchströmten Räumen gesichert sein. Die Türen von Hochspannungsräumen müssen nach außen aufschlagen, ebenso die eines etwaigen Druckrohrkellers.

Der Krafthaushochbau, heute in der Regel Gerippebau aus Stahl, Stahlbeton oder vorgefertigten Stahlbetonteilen[124]), umfaßt die freispannend überdachte Maschinenhalle und die Anbauten an ihrer Längs- oder Stirnseite. Für Baumontage und spätere Unterhaltungsarbeiten ist in nicht ganz kleinen Anlagen ein Maschinenhauskran nötig, dessen Kranbahnschienen auf Konsolen der Hallenpfeiler oder besonderer Stützpfeiler ruhen und u. a. auch die waagrechten Bremskräfte des belasteten Krans aufnehmen müssen. Die größte Kranlast ergibt sich aus der Aufteilung der Maschine (z. B. Generatorläufer allein oder mit Wellenstück) und geht bei großen Niederdruckwerken oft weit über 100 t, so daß man vorzieht, zwei gleiche Krane für etwa halbe Last durch eine Traverse zu kuppeln. Große und helle Fenster sorgen für eine natürliche, gute und gleichmäßige Beleuchtung und sollten, wenigstens zum Teil, dem Bedienungspersonal womöglich Blick ins Freie gewähren. Neben der gewöhnlichen elektrischen Beleuchtung ist für Fälle von Betriebsstörung eine Notbeleuchtung mit Batterie zweckmäßig. Gegen zu starke Sonneneinstrahlung bei Südlage und dadurch hervorgehobene Aufheizung des Krafthauses sind Jalousien als Sonnenschutz notwendig, besonders wenn die Generatorwarmluft ins Krafthaus geht. Zu große Fenster können unter Umständen im Winter das Krafthaus zu sehr auskühlen. Um eine gute Reinigung zu ermöglichen, erhalten die Wände einen etwa 1,50 m hohen Wandbelag und der Krafthausfußboden einen Platten- oder Terrazzobelag. Für gute Be- und Entlüftung durch obere und untere Fensterklappen und Ventilatoren ist zu sorgen.

Das Krafthaustor, dessen Abmessungen durch die Größe der Maschinenteile und Fahrzeuge (Lastwagen,

---

[124]) Dank Mitteilung der Rhein-Main-Donau AG.

Waggon) bestimmt werden, liegt unmittelbar am Abstellplatz. Der tägliche Zugang erfolgt durch eine Schlupftür (das biblische „Nadelöhr"!) oder einen seitlichen Türeingang. In der äußeren Gestaltung des Krafthaushochbaus ist Wert darauf zu legen, daß das Gebäude sich gut in die Landschaft eingliedert. Bei Mauerwerk werden die Außenwände geputzt oder erhalten eine Steinverblendung. Betonwände können bei sorgfältiger Herstellung schalungsrauh ohne Putz durchaus befriedigend wirken.

Die zuerst in USA für Niederdruckanlagen mit großen senkrechten Turbinen entwickelte Freiluftbauweise verzichtet auf Halle und Dach über dem Unterbau und begnügt sich in ihrer ausgesprochensten Reinform mit dem Schutz der einzelnen Maschinen durch begehbare, abhebbare Blechhauben oder Deckel (Bd. I Abb. 35). Der Maschinenkran nimmt dabei die Gestalt eines Portal- oder Halbportalkrans an, der meist auch das in gleicher Flucht angebaute Stauwehr auf volle Länge befahren und bei Montagen, Dammbalkeneinsetzen usw. mit bedienen kann. Daneben wurde in Deutschland noch eine niedrige Hallenbauweise entwickelt, die unter dem niedrig angeordneten Flachdach höchstens einen leichten Innenkran für kleine Stücke enthält, während die Montagen der Hauptmaschinen von einem schweren, durch Aussparungen im Flachdach greifenden Außen-Portalkran besorgt werden[124a]).

Der Krafthausgrundriß muß auf alle Fälle noch einen geräumigen Montage- und Abstellplatz umfassen. Für die Wartung der Maschinen und die Bedienung der Schalttafeln, die bei kleineren und mittleren Anlagen im Krafthaus aufgestellt werden, ist an einer Längsseite ein 2—3 m breiter Bedienungsgang und zwischen je zwei Maschinen ein Durchgang von 1,5—2,0 m notwendig.

---

124a) Treiber, Über die Flachbauweise. Schweiz. Bztg. 6. IV. 1957.

Die Fortleitung der Energie von den Maschinen erfolgt durch blanke Schienen oder durch Kabel, die in abdeckbaren Kanälen, bei großen Anlagen in begehbaren Gängen, verlegt werden. Die Ableitung der Verlustwärme der Generatoren erfolgt bei kleineren Einheiten offener Bauweise durch die allgemeine Raumlüftung, die bei mittelgroßen Anlagen durch Kreisellüfter unterstützt wird. Die zulässige Krafthausleistungsdichte[125] [126] ist

$$e = \frac{N_v}{V} = \frac{\text{Volleistung (kVA)}}{\text{Rauminhalt (m}^3\text{)}} = 1{,}1 - 1{,}5 \cdot \text{kVA/m}^3,$$

wenn stündlich ein 10maliger völliger Luftwechsel stattfindet. Letzterer ist gewährleistet, wenn reichliche Fensterflächen und gut verteilte Lüftungsöffnungen vorgesehen sind. Bei Einheiten von 1000 bis 10 000 kVA ist der Luftbedarf der Stromerzeuger etwa 1,8—2,5 m³/s für je 1000 kVA. Bei Einheiten über 5000 kVA wird Einzelbelüftung durch besondere Kanäle für Frisch- und Warmluft notwendig. Die Luftkanäle mit quadratischem oder rechteckigem Querschnitt sind glatt ohne scharfe Ecken und möglichst beschlupfbar auszubilden. Sie können als Einzel- oder auch als Sammel- oder Gruppenkanäle für mehrere Einheiten ausgeführt werden. Die zulässige Luftgeschwindigkeit beträgt 6—8 m/s. Im Winter wird die Warmluft der Stromerzeuger zur Beheizung des Krafthauses benutzt.

Sehr wichtig ist gute Zufahrtsmöglichkeit zum Krafthaus. Die Zufahrtsstraße, Brücken, Durchlässe müssen für die oft sehr bedeutenden Maschinenlasten bemessen sein. Am Krafthaus ist einfache Entladungsmöglichkeit vorzusehen, am besten durch Hereinführen der Straße oder des Anschlußgleises auf den im Krafthaus vorzusehenden Abstellplatz, der vom Maschinenhauskran bestrichen wird.

[125]) Ludin, Wasserkraftanlagen. Springer, Berlin, 1934.

[126]) H. Kyser, Elektrische Kraftübertragung Bd. 1 und 3. Springer, Berlin, 1920 und 1936.

Die Wohnungen des Bedienungspersonals sollte man nicht zu nahe an, auf keinen Fall, auch bei kleineren Anlagen, in das Krafthaus legen. Der Betriebsleiter soll von seiner Wohnung aus das Werk möglichst weit überblicken können.

c) Hauptbauarten der Krafthäuser

Ausbauwasserführung und Nutzfallhöhe sind in Verbindung mit der betriebsbedingten Wahl der Maschinenzahl maßgebend für die Wahl der Turbinenart und Einbauweise (Kaplan-, Francis-, Freistrahlturbinen in Kammer oder Gehäuse) und damit für die ganze Bauform des Krafthauses.

In Anlehnung an die in Bd. I S. 27 ff. wiedergegebene Einteilung der Wasserkraftanlagen in drei Fallhöhengruppen sollen hier auch die Krafthäuser nach Nieder-, Mittel- und Hochdrucktypen unterschieden werden, obwohl das unterscheidende Hauptmerkmal nur indirekt und unscharf die Fallhöhe, wesentlich vielmehr der Grad der konstruktiven Geschlossenheit oder Aufgelöstheit der Bautengruppe zwischen dem Werkeinlaß (Austritt aus dem Wasserschloß) bis zum Werkaustritt (Turbinenunterwasser) ist, wie S. 27 ff. in Bd. I des näheren aufgeführt.

aa) Niederdruckkrafthaus. Kennzeichen des Niederdruckkrafthauses sind: niedrige Fallhöhe ($H_n$ bis $\sim$ 25 m), große Turbinenwasserführung (schon bis $Q = 350\,m^3/s$ für eine Maschine)[127]). Bauwerk und Maschine sind in Formgebung und Konstruktion sehr eng verbunden, der Krafthausunterbau wirkt unmittelbar als Stauwerk und enthält zugleich die Triebwasserzu- und -ableitungsgerinne, die bedeutende Querschnittsabmessungen und hydraulisch günstige Umrißlinienführung verlangen. Werden, wie mit wenigen Ausnahmen üblich und zweckmäßig, mehrere Maschinen aufgestellt, so wird der Krafthausunterbau in einzelne Baublöcke für je

127) W. A. Jochenstein und Ybbs-Persenbeug, Donau/Österreich.

1—2 Turbinen aufgeteilt, die zur Verhütung wilder Risse durch Setz- und Dehnungsfugen voneinander getrennt sind. Diese Fugen werden durch Kupferbleche oder Fugenbänder gegen Durchdringen des Stauwassers abgedichtet (vgl. Bd. I S. 82).

Die Turbinenzuläufe werden möglichst kurz gehalten. Die Einlaufschwelle liegt womöglich über der Flußsohle oder benachbarten Wehrschwelle, um das Eindringen von Geschiebe in die Turbinenkammern zu verhindern. Bei starkem Geschiebeandrang wird nach Möglichkeit ein Spülkanal in der Einlaufschwelle mit Stichzuläufen ausgespart. Vor den Turbineneinläufen wird ein durchgehender Rechen angeordnet. Die großen Einlaufquerschnitte unterteilt man durch hydraulisch günstig ausgebildete schlanke Trennpfeiler, um die Abmessungen der Verschlüsse und des Rechenpodiums zu ermäßigen.

Bei kleineren Niederdruckwerken[128] [129]) werden die Turbinen in offene Kammern (Abb. 81) entweder mit senkrechter oder waagrechter Welle gestellt. Die Trennwände der einzelnen Turbinenkammern müssen den ein-

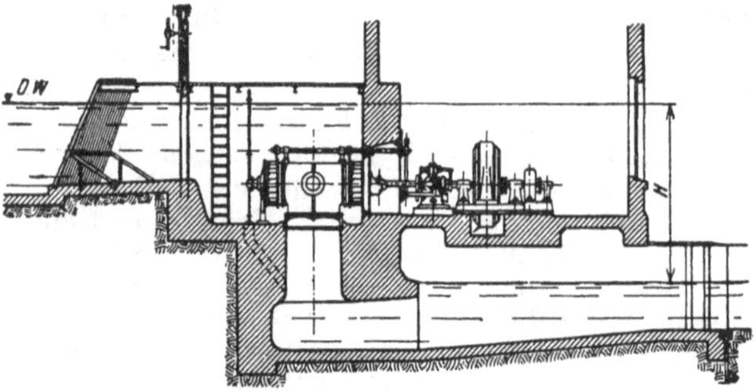


Abb. 81. Waagerechte Zwillings-Francis-Turbine in offener Kammer (Schoklitsch, Wasserbau II)

[128]) A. Rauch, Wasserkraftanlagen. Franckh-Verlag, Stuttgart, 1947.
[129]) Keyl-Häckel, Wasserkraftmaschinen u. Wasserkraftanlagen. Koehler-Verlag, Stuttgart, 1949.

seitigen Wasserdruck bei Entleeren einer Kammer aufnehmen. Zum Schutz gegen Eisbildung erhalten diese Kammern Abdeckung aus Holzbohlen oder abnehmbaren bewehrten Betonplatten. Bei größeren Niederdruckwerken baut man deren senkrechte Kaplanturbinen in spiralförmige Kammern mit geschlossenem Zulaufgerinne ein. Die Spiralen werden entweder aus Stahlbeton oder bei Fallhöhen über ~ 15 m aus Stahlblech gebildet (Bd. I S. 82 und 26/99).

Die gesamte ruhende und umlaufende Maschinenauflast von Generator und Turbinenwelle mit Laufrad wird über den Generatorring auf die Spiralendecke und von dieser auf die Turbinenkammerwände übertragen; häufiger aber leitet man sie durch feste Stützschaufeln auf den zentralen Spiralenkegel und von ihm in das Fundament. Durch Verlegung des anfänglich über dem Generator, später unmittelbar unter ihm auf einem Armkreuz gelagerten Ringspurlagers der Welle auf den Turbinen-

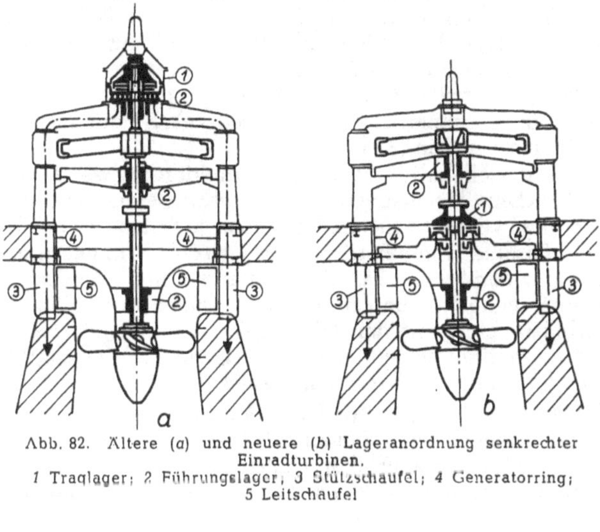


Abb. 82. Ältere (*a*) und neuere (*b*) Lageranordnung senkrechter Einradturbinen.
*1* Traglager; *2* Führungslager; *3* Stützschaufel; *4* Generatorring; *5* Leitschaufel

deckel hat man schließlich den Kraftfluß für das umlaufende Gewicht abgekürzt und die gesamte Bauhöhe von Maschine und Krafthaus aufs äußerste erniedrigt (Abb. 82).

Nach Durchströmen des Turbinenlaufrades wird das Triebwasser durch das Saugrohr in das Unterwasser geleitet. Bei offenen Turbinen in Freispiegelkammern ist das Saugrohr ein gerades, nach unten leicht konisches Stahlrohr oder ein Betonkrümmer. Bei größeren Francis- und Kaplanturbinen mit senkrechter Welle und großen Laufraddurchmessern (die schon 7—8 m überschritten haben) wird ein Krümmersaugrohr mit sehr allmählichem Übergang vom Kreisquerschnitt am Laufradaustritt zum Rechteckquerschnitt am Austritt aus dem Krafthaus angeordnet. Es darf nicht zu kurz bemessen werden, damit es seine für den Wirkungsgrad der Turbine sehr wichtige Aufgabe der Umwandlung kinetischer in potentielle Energie vollkommen und ohne Ablösungsgefahr erfüllen kann. Bei den oft sehr großen Querschnittsabmessungen des Saugrohres wird es meist im waagrechten Teil zur Verbesserung der Abflußverhältnisse und aus konstruktionswirtschaftlichen Gründen durch senkrechte Zwischenwände unterteilt. Manche Turbinenkonstrukteure ordnen auch im Krümmerteil eine einfache gekrümmte mittlere Führungswand an (Abb. 85a).

Die modellähnlich mit dem Laufraddurchmesser $D$ veränderlichen Abmessungen der Triebwasserzu- und -abführung werden vom Bauingenieur mit dem Hersteller der Turbine vereinbart, da sie dessen Wirkungsgradgewähr berühren. Das den umfangreichen Tiefaushub bestimmende Krümmersaugrohr senkrechter Kaplanturbinen reicht mit der Sohle meist etwa um 2 $D$ unter die Laufradmittelebene und erstreckt sich 4,5 $D$ bis 5,0 $D$ von der Turbinenachse stromabwärts.

Der Unterbau des Niederdruckkrafthauses mit seinen vielen großen Hohlräumen, schlanken Zwischenwänden und -böden verlangt den Einbau großer Mengen von Bewehrungsrundstahl, deren fachgerechte Unterbringung,

z. B. in den Spiralenwänden und -kernen, sorgfältigste Planung und Ausführung verlangt.

Die Maschinen — Turbinen wie Stromerzeuger — müssen im Betrieb leicht zugänglich sein. Der Maschinenhausflur wird je nach Größe der Anlage und der gewählten Anordnung auf den Turbinen-, Stromerzeuger- oder einen Zwischenflurhorizont gelegt (Abb. 85 und Bd. I S. 82).

$\alpha$) Flußstaukrafthaus. Das Krafthaus wird in Verbindung mit der Wehranlage — heute meist in Verlängerung der Wehrachse — als Teil der Stauanlage gebaut (Bd. I Abb. 33). Es liegt entweder, bei genügender Flußbreite und ausreichend verbleibendem Hochwasserabflußquerschnitt, ganz oder teilweise im Fluß oder, wenn, besonders bei geringem Aufstau, der Hochwasserabfluß die ganze Flußbreite benötigt, im Uferanschnitt einer Krafthausbucht (Bd. I S. 24 Abb. 10), die man heute unter Verzicht auf einen in Uferrichtung ihr vorgelegten Vorrechen strömungsgünstig lang auszieht. Die Lage am Hohlufer bietet den Vorteil, daß das Geschiebe bei gezogenem Wehr von Natur nach dem gegenüberliegenden Ufer geschleppt wird. Das Krafthaus kann auch, z. B. bei internationalen Strömen oder aus hydraulischen Gründen, geteilt werden, so daß auf jeder Uferseite ein selbständiges Krafthaus liegt und die Wehranlage in Flußmitte verbleibt (Großraming, Enns; Ybbs-Persenbeug[130]), Donau).

Bei schiffbaren Flüssen ist mit der Stauanlage auch eine Schleusenanlage verbunden; dann liegen auf je einem Ufer Krafthaus und Schleuse getrennt (Mainstufen) oder Krafthaus und Schleuse auf dem gleichen Ufer (W.A. Jochenstein).

Die Lage von Wehr und Krafthaus sowie gegebenenfalls auch von Schiffsschleusen wird im Einzelfall durch die Grundrißform des Flusses und seine Strömungs-, Eis-

130) Das Donaukraftwerk Ybbs-Persenbeug. Österr. Zeitschr. f. Elektrizitätsw., 1955, H. 9.

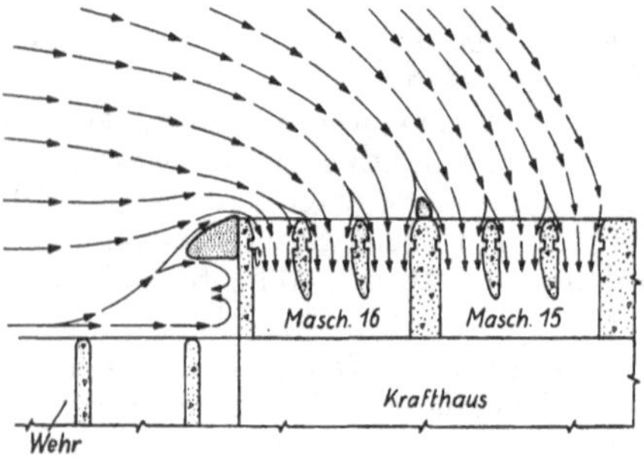


Abb. 83.
W. A Hales Bare/ Tennessee: Verbesserung der Ausströmung durch nach 14jährigem Betrieb angebaute Pfeilerköpfe (A.S.C.E. pap. 2754)

und Geschiebeverhältnisse bestimmt. Die Zulaufbucht muß eine möglichst verlustfreie und für alle Turbinen möglichst gleichmäßige frontale Anströmung gewährleisten. (Dies ist nicht immer ideal zu erfüllen. Die Anströmung zum Krafthaus ist eine räumliche Strömung, die sich zudem mit der Veränderung der etwaigen Teilabströmung durch das Wehr ändert!) Besondere Aufmerksamkeit und Aufwendungen verlangt der Krafthaustrennpfeiler, dessen Vorkopf genügend breit und lang zu gestalten ist, damit eine ablösungs- und absenkungsfreie Anströmung der angrenzenden Turbine gewährleistet wird. (Abb. 83 zeigt eine nachträgliche Verbesserung, die für Neuanlagen in den Einzelheiten nicht als Vorbild betrachtet werden will.)

Die Auslaufbucht leitet das Turbinenwasser in den Fluß zurück. Der Übergang von der Austrittsgeschwindigkeit aus dem tiefen Saugschlauch auf die Flußgeschwindigkeit unterhalb des Kraftwerkes soll allmählich erfolgen. Die Auslaufbucht kann im allgemeinen kürzer als die Einlaufbucht gehalten werden. Verschwenkung der Turbinensaugschläuche um die senkrechte Achse kann bei beengten Platzverhältnissen zweckmäßig sein[131])[132]).

[131]) Ludin, Wasserkraftanlagen. Springer, Berlin, 1934, S. 426.

[132]) Wittmann u. Garbrecht, Untersuchungen für Laufwasserkraftstufen. Die Wasserwirtsch. 1954, H. 2.

Die Trennmauer zwischen dem Fluß und der aus der Tiefe der Saugschlauchsohle allmählich (nicht steiler als mit 1 : 8 womöglich!) auf die Höhe des Hinterwehrbettes aufsteigenden Auslaufbucht wird heute vergleichsweise kurz und vom Trennpfeiler weg allmählich untertauchend ausgeführt.

Durch umfassende hydraulische Modellversuche, die sich außer auf die Gesamtanlage auch auf viele Einzelheiten der Gestaltung der Turbinenzu- und -ableitung, der Pfeilerformen usw. erstrecken, muß das nach Umständen Bestmögliche für den Entwurf, der oft ein Kompromiß sein wird, herausgeholt werden. Bei der Größe der Ausbauwasserführung der großen Niederdruckanlagen (500 bis 2000 $m^3/s$ in Mitteleuropa) bedeutet jeder Zentimeter ersparten Druckverlustes schon einen beachtenswerten Energiegewinn!

Um den Fischen an den Staustufen den Auf- und Abstieg zu ermöglichen, werden oft noch Fischtreppen (manchmal auch Fischschleusen) vorgeschrieben, die bei größeren Fallhöhen umfangreich und kostspielig werden[133]) [134]). Ihre Anordnung muß so erfolgen, daß sie bei genügender Lockwasserabgabe von den im Unterwasser herumsuchenden Fischen leicht gefunden werden (Bd. I S. 24)[135]).

Bei kleinen Fallhöhen und großer Ausbauwasserführung werden Francis- und Kaplan-Turbinen mit Vorteil in Heberkammern eingebaut (Abb. 84) (Main- und Mittelweserstufen). Diese Ausbildung spart an Aushubtiefe für den Saugschlauch. Beim Anfahren der Turbine wird die Heberhaube durch einen Ejektor oder eine Luftpumpe mit Wasser gefüllt; das Abstellen der Turbine erfolgt durch ein Belüftungsventil. Decke und Wände der Heberkammer müssen natürlich luftdicht ausgeführt werden.

---

133) Ludin, Die nordischen Wasserkräfte. Springer, Berlin, 1930.

134) Dehnert, Sammlg. Göschen, Bd. 965.

135) F. Schiemenz, Wie soll das Unterende der Fischtreppe in das Hauptgewässer münden? Versuche mit Glasaalen. Die Wawi 1949/50, 11. 5.

Bei der Kaplan-Turbine mit senkrechter Welle erfordern Spiralkammer und Saugschlauch teure Schalungsarbeiten, das zweimalige Umlenken der Stromfäden verschlechtert außerdem um ein weniges den Turbinenwirkungsgrad. In jüngster Zeit gehen daher Entwicklungsarbeiten dahin, die Kaplanturbine als liegende R o h r -

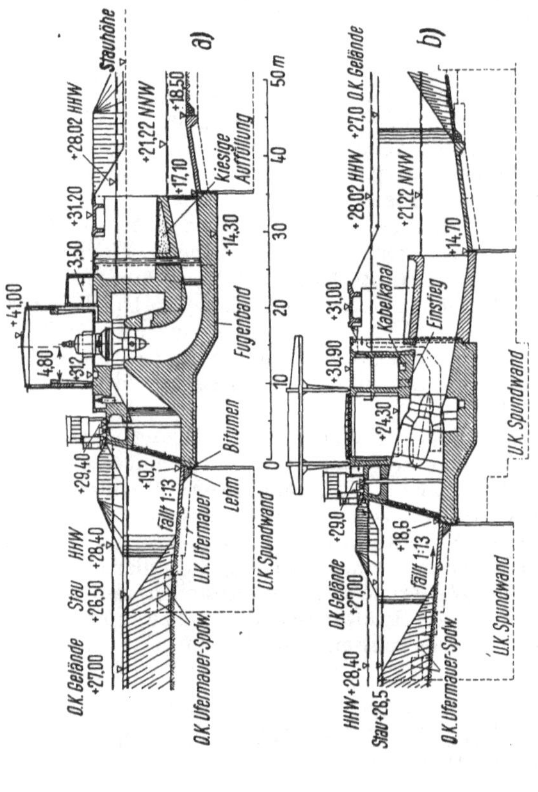


Abb. 84. Vorschlag für WKA Landesbergen. Vergleich senkrechter Kaplanturbine in Heberanordnung mit Rohr-Kaplanturbine (Siemens-Schuckertwerke AG).

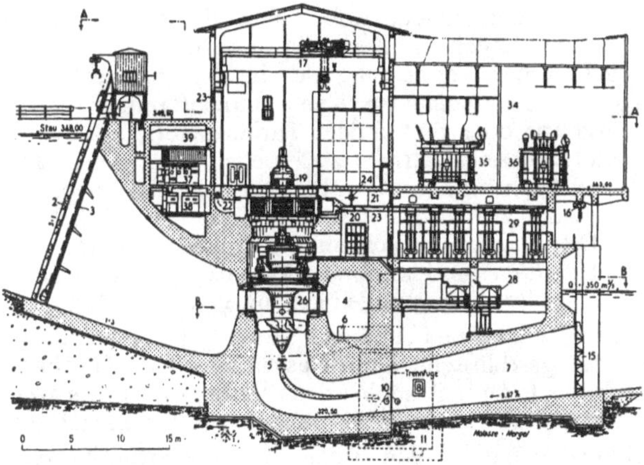

Abb. 85 a. Kanalkraftwerk Wildegg-Brugg/Aare (Schw. Bauztg. H. 2, 1956)

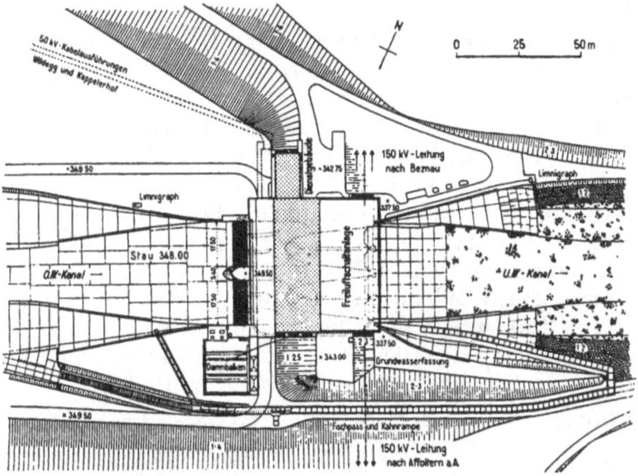


Abb. 85 b. Kanalkraftwerk Wildegg-Brugg/Aare (Schw. Bauztg. H. 2, 1956)

turbine anzuordnen, wobei aber (im Gegensatz zu den Ausführungen im Lech, Bd. I Abb. 39) der Stromerzeuger unter Vermeidung der heiklen zu dichtenden Fuge um den Zulauf in einem birnenförmigen Stahlgehäuse vor oder hinter dem Turbinenlaufrad angeordnet und über ein Getriebe angetrieben wird. Diese Anordnung kann eine gewisse Ersparnis im baulichen, dagegen kaum im maschinellen und elektrischen Teil bringen. Die Rohrturbine soll an den Moselkraftstufen eingebaut werden (und an einem Wolgakraftwerk in Rußland in großen Abmessungen geplant gewesen sein).

Das Wehrpfeilerkraftwerk (s. Bd. I S. 85) löst das geschlossene Krafthaus in einzelne Turbinenschächte auf, die mit als Wehrpfeiler dienen. Diese Ausbauform ist an der Drau in mehreren Stufen ausgeführt.

Schulz[136]) hat für den Einlauf der Pfeilerturbine eine massensparende, auf die Führungsspirale verzichtende Ausbildung vorgeschlagen, die noch der Erprobung im großen Maßstabe harrt.

$\beta$) Kanalkrafthaus: Das Krafthaus liegt meist an einem Geländeabsatz oder nahe der Rückgabe in den Fluß, am besten quer, im Hintergrunde des Vorbeckens (vgl. S. 157) (Abb. 85). Ist der Triebwasserkanal gleichzeitig Schiffahrtskanal (Rhônestufen, Rheinseitenkanalstufen $v \sim 1{,}2$ m/s), dann liegen Schleuse und Krafthaus getrennt, aber nahe beisammen. Bei Ausfall der Turbinen wird das Triebwasser über eine seitliche Entlastungsanlage (wie z. B. an der Rhônestufe Donzère-Mondragon S. 59) in das Unterwasser abgeleitet. Bei der Stufe Ottmarsheim des Rheinseitenkanals liegt diese Entlastung über den Turbineneinläufen[137]) [138]), wobei die vielen kostspieligen Führungswände auffallen.

---

136) Bd I, S. 88.

137) Orth, Die Staustufe Ottmarsheim des Rheinseitenkanals. Bauing. 1953, H. 4, nach Houille Blanche 1952, S. 151—160.

138) Bourgois et Piquet, L'Aménagement du Bief d'Ottmarsheim. Second Echelon du Grand Canal d'Alsace. Le Génie Civil, 1953, H. 2, 3 u. 4.

Schwall- und Sunkwellen infolge Belastungsänderungen der Turbinen sucht man durch Schnellsteuerung der Entlastungsschützen zu vermeiden, mindestens so zu begrenzen, daß eine Störung der Schiffahrt — besonders der in den Vorhäfen liegenden Schiffe — nicht erfolgt.

Das Krafthaus der Niederdruck-Kanalkraftwerke unterscheidet sich im übrigen in seinem Aufbau nicht von dem der Flußkraftwerke, da auch hier die gesamte Fallhöhe im Krafthausbaublock zusammengefaßt ist.

$\gamma$) Gezeitenkrafthaus[139]). Im Gezeitenkraftwerk, einer noch ganz in der Entwicklung begriffenen Sonderform des Niederdruckkraftwerkes, werden die Turbinen nur in einer Richtung oder auch — als Turbinenpumpen ausgebildet — abwechselnd ein- und auswärts durchströmt. Die Turbinen werden im Krafthausunterbau mit waagrechter oder senkrechter Welle angeordnet. Die Entwicklung der letzten Jahre bevorzugte die waagrechte Rohrturbine mit umströmtem, seltener mit durchströmtem Generator (Abb. 86)[140])[140a]).

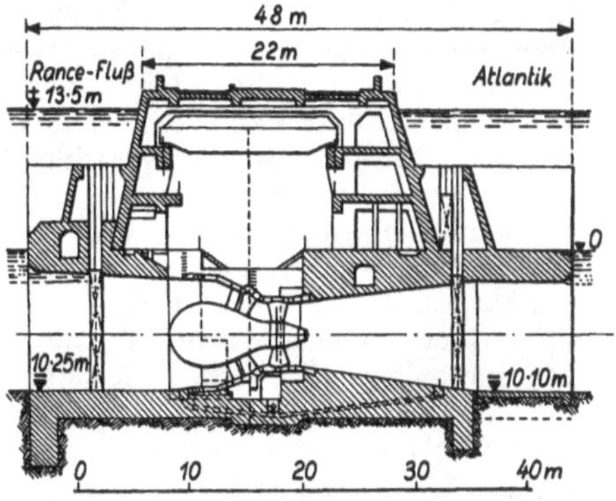


Abb. 86. Flutkraftwerk Rance (Frankreich) (Water Power H. 11, 1956)

[139]) Bd. I Abschn. B, 5.9.

[140]) Wickert, Tidal Power, Water Power 1956, H. 5 u. 6. Wickert, Probleme d. Gezeitenkraftnutzung. VDI-Forschungsheft Nr. 446.

[140a]) Energy from the sea. Water Power 1956, H. 11 u. 12.

In der Wasserkraftanlage Argentat an der Dordogne[141]) in Frankreich ist eine liegende Turbinenpumpe mit umströmtem Generator im Stahlgehäuse für 14,5 MVA Leistung als Versuchsanlage für die geplanten Gezeitenkraftwerke an der atlantischen Küste aufgestellt worden.

bb) Mitteldruckkrafthaus. Mitteldruckkraftwerke werden als Talsperrenkraftwerke[142]) und Umleitungs-(Kanal)Kraftwerke[143]) gebaut.

*α*) Talsperrenkrafthaus: Das Krafthaus liegt am Mauerfuß (Bd. I S. 94), manchmal ihm eingeschmiegt mit gekrümmtem Grundriß, bei Pfeilerstaumauern auch innerhalb des Stauquerschnittes. Der Einlauf befindet sich an der Wasserseite der Staumauer (Abb. 87), bei einem Erdstaudamm: getrennt von ihm als freistehender Turm (Abb. 11) oder auf dem seitlichen Hang (W.A. Roßhaupten, Lech). Die Druckrohrleitung zur Verbindung zwischen Einlauf und stählerner Turbinenspirale wird in Stahlbeton oder in Stahl ausgeführt.

*β*) Umleitungskrafthaus: Bei Umleitungs-(Kanal-)Kraftwerken (Bd. I S. 26, 99) mit Fallhöhen von über etwa 25 m sind Einlaufbauwerk und Turbinenkammer getrennt, aber durch eine kurze Druckrohrleitung konstruktiv verbunden. Das Einlaufbauwerk bildet den Abschluß (das „Wasserschloß") des Oberwasserkanals (vgl. S. 141). Seine Gründung mit dichtem Anschluß an den Untergrund hat sorgfältig zu erfolgen, um eine Unterläufigkeit zu vermeiden und die Standsicherheit zu gewährleisten. Über eine Entlastung mit anschließender Schußrinne (seltener mehr: Kaskade) und Energieverzehrungsanlage (Tosbecken, Kreutherbremse) wird bei Turbinenausfall das Triebwasser unschädlich ins Unterwasser geleitet.

---

141) Borkenstein, Mackenthun, Wickert, Besichtigung franz. Wasserkraftanlagen anläßlich d. V. Int. Kongresses für große Talsperren in Paris. Studienfahrt. B: Die Wasserkraftanlage Argentat. Elektrizitätsw. 1956, H. 2.

142) Bd. I, C. 13 und Abb. 12 a und b.

143) Bd. I, C. 14 und Abb. 12 c.

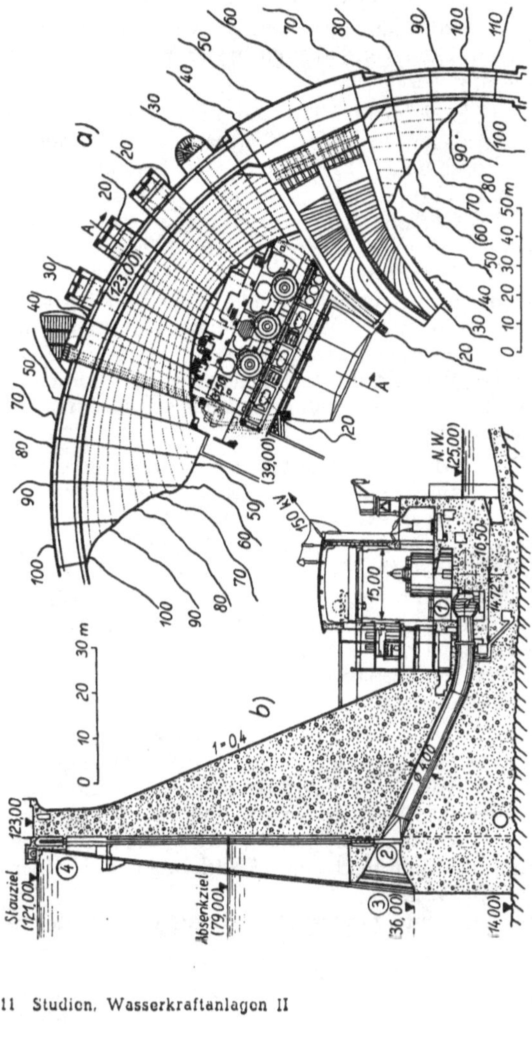


Abb. 87. Kraftwerk Castelo do Bode (Portugal) (L'Energia Elettrica 1950)

Der Turbinensaugschlauch wird in gleicher Weise wie bei den Niederdruckanlagen ausgebildet, jedoch wegen der größeren Geschwindigkeiten weitgehend mit einer Stahlpanzerung verkleidet.

$\gamma$) Krafthohlbau (Kavernenkrafthaus): Bei diesen Anlagen liegt das Krafthaus im Berginnern. Im Mitteldruckbereich (25—100 m = $H_n$ kommen Krafthohlbauten vielfach in der „schwedischen" Stufenanordnung: Fallschacht an der Wasserfassung mit langem Unterwasserkanalstollen vor[144]). Während ältere Anlagen noch den Generatorflur und den Krafthaushochbau über Tage angeordnet zeigen, was lange, teure und betriebsempfindliche senkrechte Wellen verlangte, legt man heute mit Vorliebe die gesamte Maschinenanlage unter die Erde. Derartige Hohlbau-Krafthäuser unterscheiden sich dann nicht wesentlich von den weiter unten zu besprechenden des Hochdruckbereiches.

cc). Hochdruckkrafthaus. Hochdruckstufen werden meist durch einen langen Oberwasserdruckstollen gebildet und sind durch die völlige bauliche Selbständigkeit von Einlaufbauwerk (Wasserschloß), Druckrohrleitung (Druckschacht) und Krafthaus gekennzeichnet. Ihre Turbinen, Gehäuse-, Francis- oder Pelton-Turbinen, können senkrecht oder waagrecht gebaut sein. Je nach der Geländegestaltung liegt das Krafthaus frei im Gelände am Fuß des Rohrleitungshanges oder als Hohlbau im Berginnern.

$\alpha$) Freistehendes Hochdruckkrafthaus: Das freistehende Hochdruckkrafthaus (Abb. 71) liegt entweder seitlich von der Rohrstraße in Längs- oder Querrichtung, oder es wird quer vor den Fuß der Rohrleitung gestellt. Die erstere Anordnung wurde früher gern gewählt, um bei Rohrbruch das Krafthaus gegen Überflutung zu schützen.

Die zweite, heute bevorzugte Lösung erspart Beton-

144) Bd. I, S. 102 ff.

massen an den Endfestpunkten und vereinfacht die Verteilung des Triebwassers auf die Maschinen des Werkes.

Die Verteilrohrleitungen werden über oder unter Flur mit schlanken Krümmern zu den Turbinen geführt, wobei auf gute Zugänglichkeit der Rohre und Verschlüsse zu achten ist. Bei senkrechten, großen Maschineneinhei-

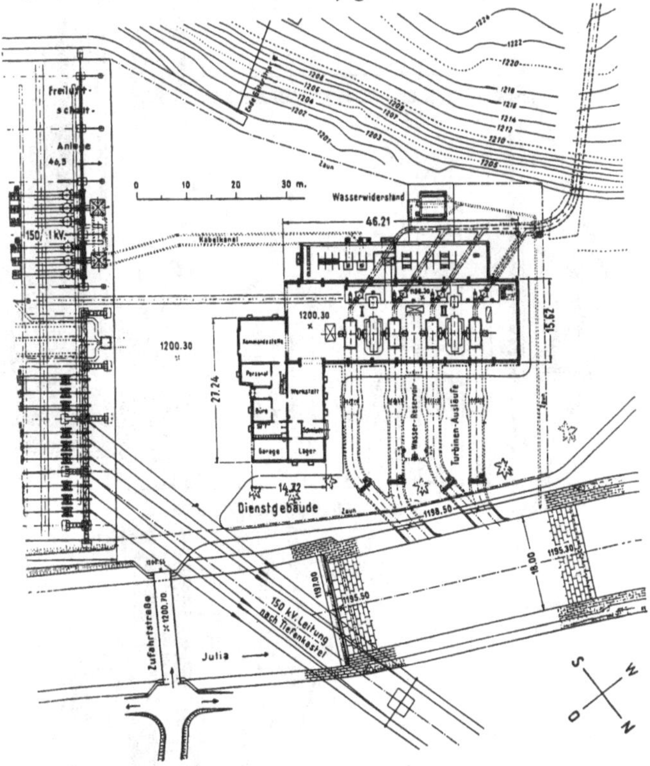


Abb. 88. W.K.A-Julia-Marmorera-Krafthaus Tinzen/Schweiz (Wasser- u. Energiewi H. 5—7, 1952) a Lageplan

ten liegen die Rohre auf besonderem Rohrflur unter dem Maschinenhausflur (Bd. I S. 121). Die Maschinen werden in möglichst gedrungener, geschlossener Bauweise mit werkstattfertigem Stahlfundament geliefert, so daß das Aufstellen unabhängig von der Genauigkeit des Betonfundamentes erfolgen kann.

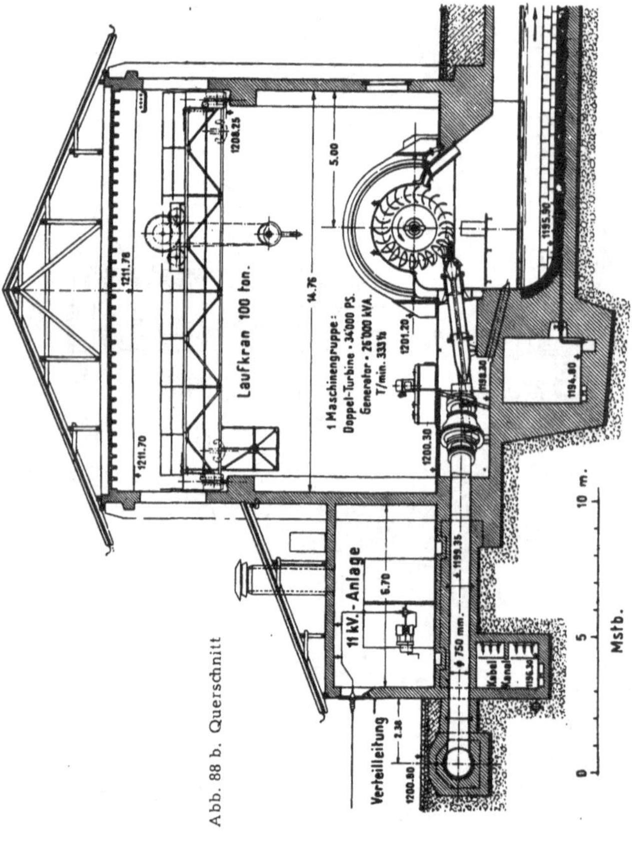


Abb. 88 b. Querschnitt

Von den Turbinen wird das Triebwasser durch Einzel- oder Sammelkanäle in den Unterwasserkanal oder unmittelbar in den Fluß geleitet. Francis-Turbinen sind mit einem Stahl- oder Betonsaugrohr in Krümmerform versehen. Bei Freistrahlturbinen, deren tiefste umlaufenden Teile um das Maß des „Freihängens" (1,0—2,0 m) über höchstem UW-Spiegel liegen müssen, wird die Kanalsohle unter der Turbine durch besondere Stahl- oder Granitverkleidungen gegen den auftreffenden Strahl des Druckreglers (bei schnellem Abschalten) widerstandsfähig gemacht (Abb. 88a/b). In den Fundamentblöcken sind die Kabel-, Lüftungs- und Begehungskanäle untergebracht.

Hohlbaukrafthaus[145])[146]). Bei örtlich ungünstigen Bedingungen, wie unzureichendem Platz in engen Gebirgstälern, Steinschlag- oder Lawinengefahr, erschwerenden klimatischen Verhältnissen für Bauausführung und Betrieb, auch aus Rücksichten des Luftschutzes, wird das Krafthaus heute immer häufiger in den Berg hineingelegt (Bd. I S. 107—112). Solche Krafthohlbauten verlangen bei dem großen Raumbedarf gutes, standfestes Gebirge. Es gehört zu den wichtigsten Aufgaben der generellen Planung, für die Kraftwerkshohlbauten durch geeignete Trassenführung und Stufeneinteilung die geologisch günstigsten Stellen auszuwählen. Aufgabe des Einzelentwurfs einer bestimmten Stufe ist es dann, an dem ausgewählten Platz die günstigste Höhenlage und Grundrißstellung der Hauptachse der Maschinenhalle (im allgemeinen möglichst senkrecht zum Schichtenstreichen) anzugeben.

Konstruktive Richtlinien: Nach Schmidt[147]) nimmt der auf die Einheit der rechteckigen Grundfläche eines Hohlraumes wirksame Belastungs-Gebirgsdruck $p_0$ und auch die durch Schaffung des Hohlraumes hervor-

[145]) Le Monde Souterrain No. 67/68 1951 u. 69/70 1952.

[146]) Jaeger, The new technique of underground hydroelectric Power Stations. The consulting Engineer. 1955, H. 11 u. 12.

[147]) Schmidt, Stat. Probleme d. Tunnel- u. Druckstollenbaues. Berlin, Springer-Verlag 1926.

gerufene zusätzliche Druckbeanspruchung der Ulmen mit der Weite des Hohlraumes linear zu. Und da bei Einhaltung einer bestimmten Profilform (z. B. Eiprofil) des Hohlbaues auch die lichte Höhe proportional der lichten Weite zunimmt, wächst die Dicke einer etwa nötigen stützenden Auskleidung mit dem Quadrat der lichten Weite, ihr Betonbedarf je lfd. m aber mit der 3. Potenz. Das Streben nach Beschränkung der lichten Hallenweite ist daher sehr begründet. Die Ausführungen liegen selten unter 12 m, überwiegend zwischen 18 und 24 m, vereinzelt bis über 30 m (Sautez-Isère).

Der Wunsch, die Hallenbreite zu beschränken, führt zur Bevorzugung der senkrechten oder zur Längsstellung der waagrechten Maschinen, welche letztere Anordnung im Hinblick auf das Arbeiten des Maschinenhauskrans die kleinere Bauhöhe beansprucht. Nur bei sehr festem Gebirge kann man Sohle und Seitenwände eben und die Decke als flaches Gewölbe ohne oder allenfalls mit leichter Sicherungsverkleidung gegen Nachfall ausbilden. Sonst wird man ein allseitig leicht gewölbtes Ausbruchprofil wählen und u. U. auch die Stirnwände der Halle als stehende Gewölbe ausbilden. Standsichere Ausbruchwände kann man bei Abwesenheit von Gebirgsfeuchtigkeit unverkleidet zeigen, was nach schwedischen Ausführungen eine eigenartig reizvolle Wirkung ergibt. Ist das Gebirge feucht, so empfiehlt sich die Einschalung der Betriebsräume durch Rabitzwände, die einen allseitigen, beschlupfbaren Luftisolierungsraum herstellen. Bergwasser ist geordnet zusammenzuziehen und abzuleiten.

Die Zweckmäßigkeit und Wirksamkeit wasserabwehrender Felsinjektionen ist zu prüfen.

Gesamtdisposition des Krafthaushohlbaues: An Hand eines Raumprogramms ist unter besonderer Berücksichtigung der Luftschutzforderungen zu entscheiden, was alles unterirdisch untergebracht werden soll. Danach ist unter besonderer Berücksichtigung der Brandgefahr und der geologischen Verhältnisse die räumliche Verteilung und Anordnung der Maschinen und Umspanner sowie der übrigen Apparate vorzunehmen, wobei zuerst zu entscheiden ist, ob im wesentlichen nur eine einzige Halle oder zwei bis drei, nämlich: Maschinenhalle und Umspannerhalle und vor der ersteren vielleicht noch ein Schieberstollen, anzuordnen ist (Bd. I, S. 111 f.).

Bei einigen neueren großen Untertagekraftwerken ist man dazu übergegangen, am unteren Ende des Druckschachtes vor der Wurzel der Verteilleitung noch ein Absperrorgan anzuordnen, damit man nicht bei jeder Entleerung der Verteilleitung den Druckschacht mit entleeren muß. Die Kammer dieses Verschlusses muß mit dem Unterwasserkanal so verbunden sein, daß im Katastrophenfall eine Überflutung der Maschinenanlage vermieden wird.

Die einzelnen Rohrverschlüsse vor den Turbinen legt man meistens zur Erhöhung der Sicherheit getrennt von der Maschinenhalle in einen besonderen Schieberhohlgang (Bd. I S. 111/112). Mit Rücksicht auf das Zusammentreffen der Gebirgs-Belastungsdrücke der beiden oft parallelen Hohlräume ist der Abstand beider reichlich zu wählen!

Das Einfahren der Maschinenteile, der Zugang, die Belüftung, die Fortleitung des Triebwassers und der erzeugten Energie verlangen die Anlage weiterer Hohlgänge, Stollen oder Schächte, die nach Möglichkeit mehreren der genannten Zwecke gleichzeitig dienstbar gemacht werden. Auch bei der Anlage und Bemessung dieser Hohlräume ist darauf zu achten, das Gebirge nicht örtlich konzentriert zu verschwächen.

Eine wirtschaftliche Beurteilung des Hohlbaukrafthauses darf sich nicht auf den bloßen Kostenvergleich mit einem freistehenden Krafthaus beschränken, muß vielmehr die Gesamtheit der durch die Wahlentscheidung beeinflußten Anlageteile (Druckstollen, Wasserschloß, Fallrohrleitung, Unterwasserkanal) umfassen.

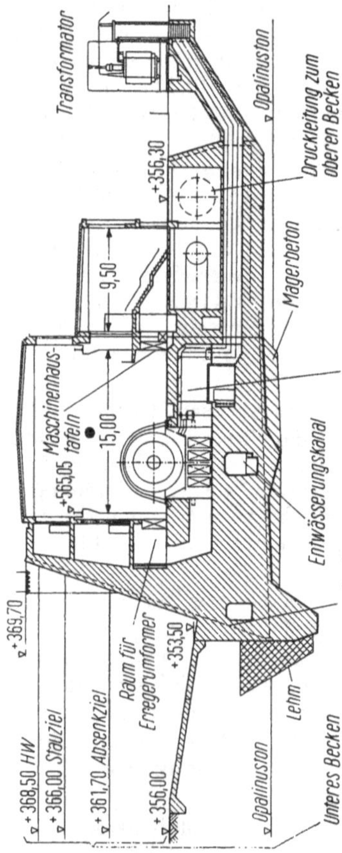


Abb. 89. Pumpspeicherwerk Happburg Querschnitt (Siemens-Schuckertwerke AG.)

Bei einem solchen Vergleich kann sehr wohl die Hohlbaulösung wirtschaftlich günstiger abschneiden, u. a. weil teure Druckstollenlänge durch billigere Unterkanallänge (Freispiegel) ersetzt und an Fallrohrlänge durch steileren Druckschacht gespart wird[148]).

dd) Pumpspeicherkrafthaus.

Das Pumpspeicherkrafthaus ist meist ein Hochdruckwerk. Der Maschinensatz, bestehend aus Pumpe, elektrischer Maschine und Turbine, wird mit liegender oder stehender Welle gebaut. Die waagrechte Welle, parallel zur Krafthauslängsachse, wird nur bei geringer Spiegelschwankung im unteren Becken (< 5 m) gewählt, wobei die Maschinenachse zur Vermeidung von Korrosion

148) Hausser nach Mainardis in Houille Blanche No.-Spec. A 1953, S. 112.

an den Pumpenlaufrädern unter den tiefsten Wasserspiegel gelegt wird (Abb. 89). Bei größeren Spiegelabsenkungen zur Schaffung des erforderlichen Stauraumes im unteren Becken ist die senkrechte Maschine besser geeignet (s. Bd. 4 Abb. 16). Für ihre Höhenlage ist die zulässige Turbinensaughöhe über dem tiefsten Unterwasserspiegel maßgebend.

Bei den heute gebräuchlichen Maschinengrößen (30 bis 80 MW) haben die Krafthaustiefbaublöcke große Abmessungen. Da der Krafthausflur unter dem Beckenspiegel liegt, ist der Krafthaustiefbauteil sorgfältig abzudichten. Es wird meist in eine Dichtungswanne gelegt, die mit großer Sorgfalt auszubilden ist. Das Krafthaus kann in besonderen Fällen einen Teil des Abschlußbauwerkes für das untere Becken bilden, z. B. wenn man Francis-Turbinen wählen kann, die man unter Gegendruck in das Unterbecken hinein arbeiten läßt, um die Kavitationssicherheit zu steigern und die verfügbare Gesamtfallhöhe trotz starker Spiegelschwankungen voll auszunutzen (Oberstufe der Tauernwerke und Abb. 89).

### d) Betriebsausrüstung der Kraftwerke

aa) Rechen. Der Zweck eines Rechens ist die Fernhaltung von Treibzeug, Eis usw. von den Wasserfassungen und Turbineneinläufen. Grobrechen mit Spaltweiten von 200 bis 300 mm werden oft noch vor Umleitungseinlässen (Kap. 1) angeordnet, Feinrechen oder Turbinenrechen mit 20 und mehr mm Spaltweite vor den Turbineneinläufen der Mittel- und Niederdruckkrafthäuser und den Wasserfassungen der Hochdruckwerke.

Die Spaltweite der Turbinenrechen richtet sich im Einzelfall nach den Durchflußöffnungen der Turbinen und beträgt bei Freistrahl- und Francis-Turbinen 20 bis 35 mm, bei Kaplan-Turbinen aber 90 bis 200 mm. Oft wird die Spaltweite von der Fischereibehörde vorgeschrieben.

Die Rechenstäbe, Flachstähle 6/40 und 15/25 mm, werden heute für Niederdruckanlagen oft hydraulisch-günstig profiliert (Abb. 26). Sie werden zu einzelnen herausnehmbaren Rechentafeln zusammengeschraubt, oft auch -geschweißt und, gegen Abheben durch Rückströmungen gesichert, auf Stahl- oder Stahlbetongerüsten verlegt. Die Neigung ist bei Nieder- und Mitteldruckwerken meist 70—75°, sonst bis senkrecht. Der Festigkeitsberechnung der Stäbe und des Rechengerüstes wird einseitiger Überdruck infolge Verlegung oder Vereisung zugrunde gelegt, und zwar bei kleinen Anlagen voller einseitiger Wasserdruck, bei großen Mittel- und Niederdruckanlagen ein Wasserüberdruck von 1—3 m. Bei Bemessung der nutzbaren Rechenfläche ist auf den Fallhöhenverlust und die Reinigungsmöglichkeiten Rücksicht zu nehmen.

Die auf die senkrecht gemessene Bruttoquerschnittsfläche bezogene (ideelle) Fließgeschwindigkeit durch den Rechen wählt man bei Rechen mit ständiger Reinigung
bei Niederdruckanlagen zu $v_i$ = 0,8 —1,2 m/s,
bei Mittel- und Hochdruckanlagen zu $v_i$ = 0,25—1,0 m/s.

Die Reinigung der Rechen erfolgt bei Kleinanlagen und bis etwa 5 m Wassertiefe mit Harken von Hand, bei größeren aber mit Rechenreinigungsmaschinen, die auf der Rechenbühne laufen und auch für selbsttätiges Arbeiten gebaut werden. Der Rechenabraum wird durch Rollwagen oder einen Schwemmkanal abgeführt. In mäßig kaltem Klima legt man die Rechenoberkante möglichst unter den Oberwasserspiegel, indem man die Rechenfläche durch eine geschlossene Tauchwand bis zur Rechenbühne verlängert. In nordischen Ländern hat man schon die Rechenstäbe elektrisch oder durch Warmwasserberieselung beheizt und die Rechenanlage aufgeteilt zwischen die Pfeiler der Einlaufkammern und hinter Einlaufschützen zurückgelegt. Vgl. Teil A S. 25, 82, 87.

bb) Verschlußeinrichtungen[148a]. Niederdruckkraftwerke erhalten hinter dem glatt durchgehenden

[148a]) Hofmann, Großarmaturen f. Wasser u Abwasser. Zeitschr. Gas u. Wasser (GWF) 1956, H. 22.

Rechen in jedem Turbineneinlauf ein Oberwasserschütz, das auch als Schnellverschluß ausgebildet wird. Die Schützen sind bei kleinen Abmessungen Gleitschützen aus Holz, bei größeren Einlauföffnungen stählerne Rollschützen.

Bei Kaplan-Turbinen spart man im Vertrauen auf den doppelten, durch eine zusätzliche Notölversorgung gesicherten automatischen Schluß (Leitrad und Laufrad) meist den oberwasserseitigen Schnellverschluß ein und beschafft z. B. nur 1—2 Notverschlüsse für 2—5 Maschinen. Bei Heberanordnung der Turbinen genügt der Schnellschluß durch Belüftung der Turbinenkammer.

Der etwa noch hinter oder vor dem Rechen angeordnete Dammbalkennotverschluß besteht aus einzelnen Holzbalken, die in Nischen gleiten. Bei größeren Abmessungen werden sie in Stahlkonstruktion, auf Rollen laufend und mit Gummidichtungen ausgerüstet, hergestellt. Die Bedienung geschieht von einem fahrbaren Portalkran oder auch von der entsprechend ausgestalteten Rechenreinigungsmaschine.

Für die Turbinenausläufe genügt ein einzelner Notverschluß aus Dammbalken oder Dammtafeln (Bd. I S. 82 u. 25). Die Anordnung im Schlitz nahe der engsten Saugschlauchstelle kommt mit kleineren Dammtafeln aus, läßt aber den nachfolgenden Teil des Saugschlauchs unzugänglich.

Bei Mitteldruckkraftwerken ist der Einlauf der Druckrohrleitung meist mit einem Schnellschlußschütz ausgerüstet, mit vorgelagertem Dammbalkennotverschluß. Bei verhältnismäßig kurzer Turbinendruckrohrleitung wird unmittelbar vor den Turbinen ein besonderer Rohrverschluß entbehrlich.

Hochdruckanlagen mit langen Druckrohrleitungen erhalten dagegen außer dem Verschluß hinter dem Wasserschloß (Abb. 79, S. 90) noch unmittelbar vor den Turbinen Rohrverschlüsse. Als solche kommen in Frage (Abb. 90):

Gehäuseschieber, Drosselklappen, Kugelschieber, Kolben- oder Ringschieber.

Der Gehäuseschieber, als Keilschieber auch doppelseitig dichtend, wird als Regulierschieber bis 45 m W.S. eingebaut; bei 50—70 m benötigt er Umlaufleitung mit Füllschieber zum Druckausgleich.

Der Kugelschieber in großen Abmessungen und für hohe Drücke gebaut, benötigt vergleichsweise wenig Raum. Die Drosselklappe wird manchmal in Verbindung mit Regulierschiebern, als Notverschluß, im Krafthaus heute aber auch allein als Verschluß eingebaut. Sie beansprucht am wenigsten Platz, ist vergleichsweise sehr billig und wurde schon mit $d = 8{,}2$ m (bei dem Mitteldruckwerk Conowingo $H = 27$ m) gebaut.

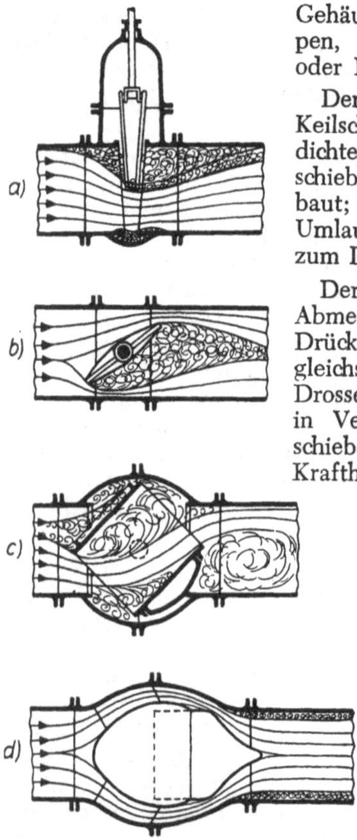


Abb. 90. Strömungsbilder verschiedener Rohrverschlüsse in Zwischenstellungen
*a)* Gehäuse-Keilschieber
*b)* Drosselklappe
*c)* Kugelschieber
*d)* Ringschieber
(Bopp & Reuther, Mannheim)

Die Absperrorgane werden bei größeren Anlagen durch Elektromotoren oder Öldruckkolben (Servomotoren) betätigt und oft ferngesteuert.

Die Kolben- oder Ringschieber können als Regulierschieber verwendet und ohne Druckentlastung geöffnet werden. Sie beanspruchen viel Einbaulänge und sind die teuerste Schieberart.

e) Wasserturbinen[149—155])

In den Wasserturbinen wird die Energie des zugeführten Triebwassers in mechanische Arbeit umgewandelt. Von den verschiedenen Turbinenarten haben sich im größeren Wasserkraftausbau durchgesetzt: Kaplan- und Propellerturbinen, Francis- oder Überdruckturbinen und Pelton- oder Freistrahlturbinen. Jede Turbinenart beherrscht nur einen bestimmten Fallhöhenbereich; doch überschneiden sich dieselben. Die für die Energieumsetzung maßgebenden Teile bei Francis-, Kaplan- und Propellerturbine sind: der feststehende Leitapparat (Leitrad) mit verstellbaren Leitschaufeln, das sich mit der Welle drehende Laufrad und schließlich das Turbinensaugrohr. Bei der Freistrahlturbine entspricht dem Leitapparat die Nadeldüse, meist mit Strahlablenker zur Verlängerung der Schließzeit. Ein Saugrohr ist nicht angebracht, da diese Turbine frei über dem U.W. ausschütten muß.

aa) Kaplan- und Propellerturbinen. Diese mit radialen Leitapparaten ausgerüsteten Turbinen (Abb. 82, 85, 91) haben hinter den Leitschaufeln einen schaufellosen Raum, in dem das Triebwasser in die achsiale Richtung schwenkt, mit der es dann das Laufrad durchströmt. Die Laufradflügel (4—8 Stück) sind an einer dicken Nabe befestigt (Propellerturbinen) oder drehbar in

149) Treiber in Ludin, Wasserkraftanlagen, Springer, Berlin 1934.
150) Keyl-Häckert, Wasserkraftmaschinen und Wasserkraftanlagen. Koehler, Stuttgart 1948.
151) Rauch, Wasserkraftanlagen. Franckh Verlag, Stuttgart 1948.
152) H. F. Canaan, Der heutige Stand des Wasserturbinenbaus. Zeitschr. VDI, Bd. 93 (1951), Nr. 35.
153) Borkenstein, Wasserkraftanlagen in Rziha. Starkstromtechnik, Bd. I, 8. Aufl. Wilh. Ernst & Sohn, Berlin 1955.
154) Piquet, L'Etude du dimensionnement des centrales hydrauliques. Le Génie Civil, 1951, H. 2 u. 3.
155) Fabritz, Neuere Entwicklung im Wasserkraftmaschinenbau. D. Wawi., Sonderheft 1949.

ihr gelagert (Kaplanturbinen). Die Schaufeln überdecken sich in der achsialen Durchsicht nicht oder nur wenig.

In diesen besonders schnelläufigen Turbinen verläßt das Triebwasser das Laufrad noch mit so hoher Geschwindigkeit, daß ein besonders langes Saugrohr angebaut sein muß, in dem die überschüssige Bewegungsenergie des Triebwassers durch allmähliche Verzögerung möglichst verlustlos in Druckenergie zurückverwandelt wird.

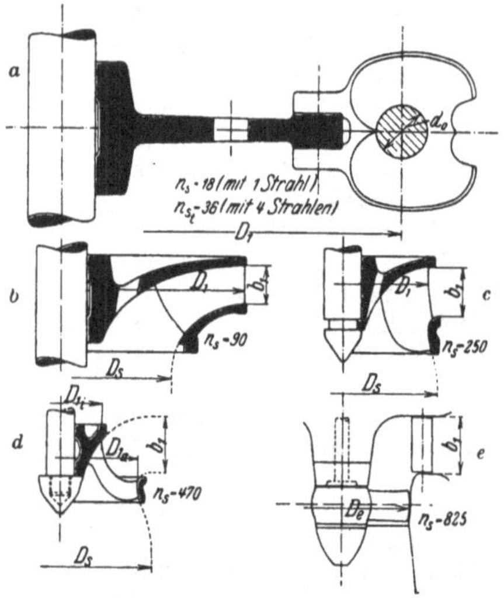


Abb. 91. Die hauptsächlichen Turbinentypen. Laufräder gleicher Leistung (bei gleicher Fallhöhe, aber verschiedener Drehzahl)
a) Peltonturbine
b)-d) Francisturbine
e) Flügelradturbine (Treiber)

Kaplan- und Propellerturbinen werden vorwiegend in der sog. klassischen Bauweise, als senkrechte Einradturbinen mit Krümmersaugrohr gebaut. Kaplanturbinen sind bereits für Fallhöhen bis 50 m eingebaut worden. Baureife Vorschläge liegen für Fallhöhen bis 80 m vor[156]).

[156]) Gstettner, Die Francis-Spiralturbine als Grenzleistungsmaschine im Spiegel der vierten Weltkraftkonferenz. London 1950, Österr. Wawi., Jahrg. 3, H. 5/6.

bb) Francisturbinen. Diese Turbinen haben gleichfalls radiale Beaufschlagung und achsialen Austritt; ihre Laufradschaufeln (12—18 Stück) lassen aber keinen schaufellosen Raum (Abb. 91) und bilden Kanäle, die eine ununterbrochene Führung des Wassers unter Druck erzwingen. Der Spalt zwischen Lauf- und Leitrad muß daher möglichst eng sein, damit das infolge des Überdruckes nutzlos durch den Spalt entweichende Wasser, der sog. Spaltverlust, gering bleibt. Die Schnelläufigkeit der Laufräder läßt sich durch entsprechende Gestaltung der Laufradschaufeln in weiten Grenzen verändern. Es werden b) Langsam- ($D_s < D_1$), c) Normal- ($D_s = D_1$) und d) Schnelläufer-Francisturbinen ($D_s > D_1$) unterschieden. ($D_s$ = Raddurchmesser beim Austritt ins Saugrohr und $D_1$ = Raddurchmesser beim Eintritt.)

Francisturbinen können waagrecht oder senkrecht eingebaut werden; sie sind heute bis 380 m Fallhöhe (W.A. Bitto, Italien) und bis zu Wellenleistungen von 120 000 kW (Talsperrenkraftwerk Grand Coulée, USA, $H$ = rd. 200 m) gebaut worden.

cc) Freistrahlturbinen a). Diese Turbinen beherrschen den Bereich mittlerer und großer Fallhöhen bei vergleichsweise kleinen Wassermengen. Über 400 m Fallhöhe sind sie allein anwendbar. Bei kleineren Fallhöhen werden sie gewählt, wenn für geringe Wassermengen die Laufradabmessungen für Francisturbinen zu klein werden oder wenn auch bei kleiner Beaufschlagung hohe Wirkungsgrade erzielt werden sollen (Bd. I S. 9).

Das Laufrad der Freistrahlturbine besteht aus einer Radscheibe, auf deren Umfang die becherähnlichen Schaufeln (15—40 Stück) befestigt oder in einem Stück angegossen sind. Es wird durch einen oder mehrere Wasserstrahlen beaufschlagt, die aus Düsen (1—4 Stück) mit einer der gesamten Nutzfallhöhe entsprechenden Geschwindigkeit ($\sim \sqrt{2\,g\,H_n}$) tangential auf den Schaufelkreis geleitet werden.

Freistrahlturbinen werden mit waagrechter oder stehender Welle gebaut und sind schon für Fallhöhen bis 1171,5 m (brutto) (Pumpspeicherwerk Reißeck-Kreuzeck, Österreich[157]) und Leistungen von 74 000 kW (W.A. Malgovert, Frankreich) ausgeführt.

dd) Hydraulische Eigenschaften der Turbinen. Für die Verwendungsfähigkeit der Turbinen ist kennzeichnend ihre spezifische Drehzahl

$$n_s = n_1 \sqrt{N_1}\,, \text{ worin } n_1 = \frac{n}{\sqrt{H_T}} \text{ und } N_1 = \frac{N}{H_T^{3/2}}\,,$$

die reduzierte Drehzahl resp. Leistung und $n$ = Drehzahl i. d. Min., $N$ = Leistung in PS und $H_T$ = Konstruktionsfallhöhe in m bedeuten. Für die verschiedenen Turbinen gelten die in Tab. 4 aufgeführten Bereiche der spezifischen Drehzahlen.

Tabelle 4. Spezifische Drehzahlen und Grenzfallhöhen von Wasserturbinen.

| Turbinenart | Spez. Drehzahl $n_s$ | Nutzfallhöhe $H$ $H$ in m |
|---|---|---|
| eindüsige Freistrahlturbine | 10 — 13 | 1800 — 1300 |
| | 13 — 20 | 1300 — 550 |
| | 20 — 30 | 550 — 200 |
| Francis- | | |
| Langsamläufer | 60 — 125 | 380 — 150 |
| Normalläufer | 125 — 175 | 150 — 120 |
| | 175 — 225 | 120 — 80 |
| Schnelläufer | 225 — 350 | 80 — 35 |
| | 350 — 450 | 35 — 20 |
| Kaplan- und Propellerturbine | 350 — 600 | 35 — 18 |
| | 600 — 800 | 18 — 12 |
| | 800 — 1000 | 12 — 5 |

157) Steinböck, Planung und Bau des Winterspeicherwerkes Reißeck-Kreuzeck. Österr. Wawi. 1953, H. 5/6.

Wichtig ist weiterhin die vom Turbinenhersteller zu garantierende Durchgangsdrehzahl der Turbine, die bei voller Entlastung, aber unverminderter Beaufschlagung infolge Versagens der Regulierung auftreten kann. Denn alle umlaufenden Teile wie Laufrad, Zahnräder, Schwungräder, Polräder der Stromerzeuger müssen schleudersicher gebaut sein. Thoma gibt für das Verhältnis Durchgangsdrehzahl/Normaldrehzahl folgende Durchschnittswerte an:

| | | |
|---|---|---|
| bei Francisturbinen | Langsam- und Normalläufer | 1,6 |
| | Schnelläufer | 1,9 |
| bei Freistrahlturbinen | | 1,9 |
| bei Propellerturbinen (feste Laufradflügel) | | 2,3 |
| bei Kaplanturbinen (drehbare Laufradflügel) | | 2,5 |

Der höchste zulässige Wert der spez. Drehzahl wird bei Francis-, Propeller- und Kaplanturbinen durch das Auftreten von Kavitationsschäden (Anfressungen) bestimmt, die infolge von Strahlablösung und Hohlraumbildung an den überströmten Turbinenteilen auftreten.

Nach Thoma ist die größte zulässige Saughöhe

$$H_s = H_a - \sigma_{\min} \cdot H_n.$$

Hierin bedeuten:

$H_s$ = statische Saughöhe = senkrechter Abstand von Leitradunterkante bis zum tiefsten Unterwasserspiegel

$H_n$ = Nutzfallhöhe (m)

$H_a$ = barometrische Saughöhe = Höhe der Wassersäule, welche dem um die Wasserdampfspannung verminderten Luftdruck entspricht. Es ist genügend genau $H_a = 10—0{,}0011 \cdot h$, wobei $h$ = Höhe des Aufstellungsortes über Meeresspiegel in m ist.

Der Wert $\sigma_{\min}$ ist von der spez. Drehzahl $n_s$ und der Bauart des Laufrades abhängig und wird auf Grund von Kavitationsversuchen und Betriebserfahrungen vom Turbinenhersteller gewährleistet.

Einige Anhaltswerte für $\sigma_{\min}$ gibt Tabelle 5.

Tabelle 5

Werte für $\sigma_{min}$ in Abhängigkeit von der spez. Drehzahl

| Francisturbinen | | Propeller- u. Kaplanturbinen | |
|---|---|---|---|
| $n_s$ | $\sigma_{min}$ | $n_s$ | $\sigma_{min}$ |
| 80 | 0,04 | 500 | 0,5 |
| 100 | 0,05 | 600 | 0,7 |
| 200 | 0,08 | 700 | 1,1 |
| 300 | 0,15 | 800 | 1,9 |
| 400 | 0,30 | | |
| 450 | 0,45 | | |

$n_s$ ist so zu bestimmen, daß $H_s$ positiv wird. Als höchste statische Saughöhe wird etwa 7 m zugelassen.

ee) Turbinenregler. Bei Zunahme (Abnahme) der Generatorbelastung sinkt (steigt) sofort die Drehzahl der Turbine so lange, bis durch entsprechende Steigerung (Verminderung) ihrer Beaufschlagung der Ausgleich zwischen Antriebsleistung und Stromabgabe wiederhergestellt ist. Bei kleinen Anlagen erfolgt die Anpassung der Turbinenbeaufschlagung an den Leistungsbedarf durch Handbetätigung der Leitschaufeln oder der Düsennadel. Bei größeren Anlagen mit den weitgehenden Anforderungen der elektrischen Kraftversorgung hinsichtlich Schnelligkeit und Genauigkeit der Drehzahlregulierung übernehmen selbsttätige Regler diese Aufgabe. Da die Verstellung der Turbinenleitapparate große Kräfte verlangt, arbeiten die Regler indirekt durch Einwirkung auf einen unabhängigen Druckölkreislauf, der die Antriebskolben (Servomotoren) der Leitapparatverstellung speist.

Unter normaler Reglergewähr sind folgende vorübergehenden Drehzahlabweichungen zulässig:

| bei Belastungsänderung um | ± 25 % | ± 50 % | ± 100 % |
|---|---|---|---|
| zulässige Drehzahländerung | 2—3 % | 4—8 % | 10—18 %. |

Beim Parallelarbeiten verschiedener Werke auf ein Netz, bei dem so große Drehzahlschwankungen sehr störend wären, werden schärfere Bedingungen gestellt. Francis- und Propellerturbinen haben einfache Regelung, nämlich Verstellung nur des Leitapparates, dagegen ist bei Kaplan- und Freistrahlturbinen Doppelregelung üblich. Bei Kaplanturbinen werden die Leitschaufeln und die Laufradflügel zugleich verstellt. Bei Freistrahlturbinen betätigt die Doppelregelung die Düsennadel und bei schneller Entlastung zuerst einen Strahlablenker, der nach vollzogener Strahlregelung den Strahl wieder freigibt.

Stromerzeuger und Umspanner s. Slg. Göschen Nr. 257, 881, 1146, 952 und Rziha, Starkstromtechnik, Wilh. Ernst & Sohn, Berlin, 8. Aufl. 1955.

f) Bauausführung der Krafthäuser

Bei der Bauausführung, namentlich der Niederdruckwerke, handelt es sich — abgesehen von kleineren Anlagen — um die Durchführung umfangreicher und schwieriger Ingenieurarbeiten, die an die Erfahrung, Umsicht und Entschlußkraft der Ausführenden — Bauunternehmer wie Bauherren — hohe Anforderungen stellen, wenn während des Baues unangenehme und kostspielige Überraschungen erspart bleiben sollen.

Voraussetzung für eine glatte Abwicklung solcher Bauvorhaben sind gründliche Voruntersuchungen über die Hochwasserverhältnisse, die Beschaffenheit des Untergrundes, die Gewinnungsstätten der Baustoffe und sorgfältige Planung der Baustelleneinrichtung zur zweckmäßigen Wahl und Verwendung der Baugeräte.

aa) Niederdruckkraftwerke. Flußstaukraftwerke[158—161]) stellen ihrem Wesen nach immer die eigen-

[158]) J. Stocker, Die Bauausführung bei den Staustufen der Unteren Isar. D. Wawi. 1950, H. 12, u. 1951, H. 1.

[159]) Fuchs, Die Donaustufe Jochenstein. D. Wawi. 1953, H. 11/12.

[160]) Das Donaukraftwerk Ybbs-Persenbeug. Öst. Zeitschr. f. Elektrizitätswirtschaft, 1955, H. 9.

[161]) Borovicka, Über den Aufstau infolge Einengung eines Flußlaufs. Öst. Wawi, 1951, H. 4.

artige Aufgabe des Bauens im Flußbett. Sie wird heute mit begründeter Vorliebe abwechselnd in zwei oder mehr dem strömenden Wasser durch Fangedämme abgerungenen offenen Baugruben gelöst, doch kommen auch Druckluftgründungen im strömenden Wasser vor. Ob dabei mit der Wehranlage begonnen wird (Innstufen) oder, zur Gewinnung reichlicherer Zeit für die Maschinenmontage, mit dem Krafthaus, bedarf fallweiser Überlegung. Bei der räumlichen und zeitlichen Einteilung der Bauabschnitte ist die Wahrscheinlichkeit des Eintrittes, der Dauer und Höhe von Hochwässern während der einzelnen Bauabschnitte zu berücksichtigen. Innerhalb der Baugrube wird die Wasserhaltung bei hoch genug anstehendem, dichtem, tragfähigem Baugrund offen angelegt. Liegt der dichte Untergrund dafür zu tief unter der Bauwerkssohle, so kommt Grundwasserabsenkung mit Tiefbrunnen in Frage (Mittelweserstufen). Die berechnete Höhe der Fangedämme und ihre Linienführung sind durch Modellversuche nachzuprüfen[162])

Die großen einzelnen Turbinenblöcke des Krafthausunterbaues werden zum Betonieren noch durch Arbeitsfugen in Arbeitsblöcke aufgeteilt. Auf die richtige Behandlung der Arbeitsfugen — Setzen von Steckeisen, Verzahnung der Oberflächen, Entfernen der Zementschlämpe — ist zu achten, um spätere Mängelerscheinungen zu verhüten.

Kanalkraftwerke[163]) [164]) werden gleichzeitig mit dem Triebwasserkanal erstellt. Das Krafthaus kann meist in offener Baugrube gegründet werden, die gegen Andrang des Grundwassers, nach Umständen auch gegen Hochwasser des Flusses zu sichern ist.

Die Bauausführung der Kraftwerke erfolgt mit Großgeräteeinsatz sowohl für den Bodenaushub (Gleis- oder

---

162) Das Kraftwerk Wildegg-Brugg. Nordostschweiz. Kraftwerke. Schweiz. Bauz. 1956, H. 4—8, 10, 12.

163) Lohmeyer, Die Haltung Ottmarsheim des Elsaßkanals. Bautechn. 1951, H. 8.

164) Töndury, Kraftwerkbauten in Norditalien. Schweiz. Bauz. 1950, H. 10, 11, 13, 14.

neuerdings gleisloser Betrieb), die Bedienung der Arbeitsplätze, wie auch für die Aufbereitung und den Einbau des Betons. Der Betontransport erfolgt in Kippwagen oder Spezialkübeln mit Turmdreh- oder auch Kabelkranen, manchmal auch mit Betonpumpen.

Die Betonverdichtung erfolgt mit Innenrüttlern. Durch Zusatzmittel (Betonverflüssiger, Luftporenbildner) können Verarbeitbarkeit, Dichtigkeit und Oberflächenbild des Betons, letzteres auch in Verbindung mit Vakuumschalung, verbessert werden.

bb) Mittel- und Hochdruckanlagen. Krafthäuser von Mittel- und Hochdruckanlagen[165]), die nach Fertigstellung durch einen Unterkanal mit dem Fluß verbunden sind, werden vielfach beim Bau vom Hochwasser weniger beeinflußt, so daß besondere Umschließungen der Baugruben sich erübrigen. Dafür spielen im Hochgebirge die Witterungseinflüsse, die Kürze der frostfreien Bauzeit und die Unwegsamkeit und Abgelegenheit des Baugeländes eine wichtige Rolle für die Baudurchführung. Schnee und Frost können zu einer Winterpause zwingen und damit die Bauzeit sehr verlängern. Die Verkehrsverhältnisse bedingen den Bau von nicht selten viele Kilometer langen Anschlußstraßen, -gleisen oder Seilbahnen, die den während der Bauzeit hohen Anforderungen des Antransports von Baustoffen und der Schwerlasten der Turbinen, Generatoren und Umspanner gewachsen sein müssen.

Liegen Kraftwerk und die ganze Triebwasserleitung als Hohlbauten im Berg, so kann, von Witterungsunbilden fast ganz unabhängig, das ganze Jahr über gebaut werden, ein Gesichtspunkt, der viel zur Beliebtheit der unterirdischen Bauweise beigetragen hat.

Die bauliche Fertigstellung sowie die Werkstattfertigung, Anlieferung und Montage der hydraulischen und elektrischen Maschinen sowie der Stahlbauteile von Wehr

---

165) Sonderegger, Vom Bau der Kraftstufe Verbano der Maggia Kraftwerke AG. Wass.- u. Energ.-Wirtsch. 1951, H. 11.

und Krafthaus gehen nach einem sorgfältig ausgedachten Bauzeitenplan vor sich, der die nötigen Reserven für unvorhersehbare Störungen enthalten muß. Der Krafthaushochbau sollte bei Beginn der Turbinenmontage so weit fertiggestellt sein, daß der Maschinenhauskran für das Heben und Bewegen der schweren Maschinenteile zur Verfügung steht.

Von den Turbinen werden schon früh die fest einzubauenden Teile, Saugrohrpanzerung, Laufradmantel, Stützschaufelring mit Stützschaufeln, angeliefert, nacheinander montiert, ausgerichtet und mit Betonmörtel vergossen. Anschließend erfolgt die Montage des Laufrades. Besondere Sorgfalt verlangt die Montage und das genaue Ausrichten der Turbinenwelle, nach deren Freigabe die Montage der Stromerzeugermaschine erfolgt, deren Vormontage auf dem Abstellplatz meist vorausgeht.

## Schrifttum.

Das benutzte Schrifttum ist in Fußnoten des Textes angegeben. H. E. Pentzloff, Systematik der Wasserkraftnutzung. VDI-Forschungsheft 453. 1956.

Weiter siehe Band 665 Seite 123.

# Sachverzeichnis

# Geisteswissenschaften

## *Philosophie*

**Einführung in die Philosophie** von *H. Leisegang†*. 3. Aufl. 145 S. 1957 *(Bd. 281)*

**Erkenntnistheorie** von *G. Kropp*. 1. Teil: Allgemeine Grundlegung. 143 S. 1950 *(Bd. 807)*

**Hauptprobleme der Philosophie** von *G. Simmel†*. 7., unveränd. Aufl. 177 S. 1950 *(Bd. 500)*

**Geschichte der Philosophie**

I: Die griechische Philosophie von *W. Capelle*. 1. Teil. Von Thales bis Leukippos. 2., erw. Aufl. 135 S. 1953 *(Bd. 857)*

II: Die griechische Philosophie von *W. Capelle*. 2. Teil. Von der Sophistik bis zum Tode Platons. 2., stark erw. Aufl. 144 S. 1953 *(Bd. 858)*

III: Die griechische Philosophie von *W. Capelle*. 3. Teil. Vom Tode Platons bis zur alten Stoa. 2., stark erw. Aufl. 132 S. 1954 *(Bd. 859)*

IV: Die griechische Philosophie von *W. Capelle*. 4. Teil. Von der Alten Stoa bis zum Eklektizismus im 1. Jh. v. Chr. 2., stark erw. Aufl. 132 S. 1954 *(Bd. 863)*

V: Die Philosophie des Mittelalters von *J. Koch*. In Vorb. *(Bd. 826)*

VI: Von der Renaissance bis Kant von *K. Schilling*. 234 S. 1954 *(Bd. 394/394a)*

VII: Immanuel Kant von *G. Lehmann*. In Vorb. *(Bd. 536)*

VIII: Die Philosophie des 19. Jahrhunderts von *G. Lehmann*. 1. Teil. 151 S. 1953 *(Bd. 571)*

IX: Die Philosophie des 19. Jahrhunderts von *G. Lehmann*. 2. Teil. 168 S. 1953 *(Bd. 709)*

X: Die Philosophie im ersten Drittel des 20. Jahrhunderts I von *G. Lehmann*. In Vorb. *(Bd. 845)*

**Die geistige Situation der Zeit** (1931) von *K. Jaspers*. 4., unveränd. Abdruck der 1932 bearb. 5. Aufl. 211 S. 1955 *(Bd. 1000)*

**Philosophisches Wörterbuch** von *M. Apel†*. 5. Aufl., neub. von *P. Ludz* 1957. In Vorb. *(Bd. 1031/1031a)*

**Philosophische Anthropologie.** Menschliche Selbstdeutung in Geschichte und Gegenwart von *M. Landmann*. 266 S. 1955 *(Bd. 156/156a)*

## *Pädagogik, Psychologie Soziologie*

**Geschichte der Pädagogik** von *Herm. Weimer*. 12., neub. u. verm. Aufl. von *Heinz Weimer*. 177 S. 1956 (*Bd. 145*)

**Therapeutische Psychologie.** Ihr Weg durch die Psychoanalyse von *W. M. Kranefeldt*. Mit einer Einführung von *C. G. Jung*. 3., unveränd. Aufl. 152 S. 1956 *(Bd. 1034)*

**Allgemeine Psychologie** von *Th. Erismann*. 1956. In Vorb. *(Bd. 831)*

**Soziologie.** Geschichte und Hauptprobleme von *L. von Wiese*. 5. Aufl. 162 S. 1954 *(Bd. 101)*

**Sozialpsychologie** von *P. R. Hofstätter*. 181 S., 15 Abb., 22 Tab. 1956 *(Bd. 104/104a)*

**Psychologie des Berufs- und Wirtschaftslebens** von *W. Moede*. 1956 In Vorb. *(Bd. 851)*

**Industrie- und Betriebssoziologie** von *R. Dahrendorf*. 120 S. 1956 *(Bd. 103)*

## *Religionswissenschaften*

**Jesus** von *M. Dibelius†*. 2. Aufl. Unveränd. Nachdr. 137 S. 1949 *(Bd. 1130)*

**Paulus** von *M. Dibelius†*. Nach dem Tode des Verfassers herausgegeben und zu Ende geführt von *W. G. Kümmel*. 2. Aufl. 155 S. 1956 *(Bd. 1160)*

**Römische Religionsgeschichte** von *F. Altheim*. 2 Bde. 2., umgearb. Aufl.

I: Grundlagen und Grundbegriffe. 116 S. 1956 *(Bd. 1035)*

II: Der geschichtliche Ablauf. 164 S. 1956 *(Bd. 1052)*

**Geschichte Israels** von *E.-L. Ehrlich*. 1957. In Vorb. *(Bd. 231)*

## *Musik*

**Musikästhetik** von *H. J. Moser.* 180 S. 1953 *(Bd. 344)*
**Systematische Modulation** von *R. Hernried.* 2. Aufl. 136 S. 1950 *(Bd. 1094)*
**Der polyphone Satz** von *E. Pepping.* 2 Bde.
1. Teil: Der cantus-firmus-Satz. 2. Aufl. 223 S. 1950 *(Bd. 1148)*
2. Teil: 1957. In Vorb. *(Bd. 1164/1164a)*
**Allgemeine Musiklehre** von *H. J. Moser.* 2., durchges. Aufl. 155 S. 1955 *(Bd. 220/220a)*
**Harmonielehre** von *H. J. Moser.* 2 Bde. I: 109 S. 1954 *(Bd. 809)*
**Die Musik des 19. Jahrhunderts** von *W. Oehlmann.* 180 S. 1953 *(Bd. 170)*
**Die Musik des 20. Jahrhunderts** I. von *W. Oehlmann.* In Vorb. *(Bd. 171)*
**Technik der deutschen Gesangskunst** von *H. J. Moser.* 3., durchges. und verb. Aufl. 144 S., 5 Fig. 1954 *(Bd. 576/576a)*
**Die Kunst des Dirigierens** von *H. W. von Waltershausen†.* 2. Aufl. 138 S. 1954 *(Bd. 1147)*
**Die Technik des Klavierspiels aus dem Geiste des musikalischen Kunstwerkes** von *K. Schubert†.* 3. Aufl. 110 S. 1954 *(Bd. 1045)*

## *Kunst*

**Stilkunde** von *H. Weigert.* 2 Bde. 2. Aufl.
I: Vorzeit, Antike, Mittelalter. 136 S., 94 Abb. 1953 *(Bd. 80)*
II: Spätmittelalter und Neuzeit. 146 S., 84 Abb. 1953 *(Bd. 781)*
**Archäologie** von *A. Rumpf.* 2 Bde.
I: Einleitung, historischer Überblick. 143 S., 6 Abb., 12 Taf. 1953 *(Bd. 538)*
II: Die Archäologensprache. Die antiken Reproduktionen. 136 S., 7 Abb., 12 Taf. 1956 *(Bd. 539)*

## *Geschichte*

**Einführung in die Geschichtswissenschaft** von *P. Kirn.* 2. Aufl. 121 S. 1952 *(Bd. 270)*
**Zeitrechnung d. röm. Kaiserzeit, des Mittelalters und der Neuzeit für die Jahre 1—2000 n. Chr.** von *H. Lietzmann†.* 3. Aufl., durchges von *K. Aland.* 130 S. 1956 *(Bd. 1085)*
**Kultur der Urzeit** von *F. Behn.* 3 Bde. 4. Aufl. der „Kultur der Urzeit". Bd. I—III von *M. Hoernes.*
I: Die vormetallischen Kulturen. (Die Steinzeiten Europas. Gleichartige Kulturen in anderen Erdteilen). 172 S., 48 Abb. 1950 *(Bd. 564)*
II: Die älteren Metallkulturen. (Der Beginn der Metallbenutzung. Kupfer- und Bronzezeit in Europa, im Orient und in Amerika). 160 S., 67 Abb. 1950 *(Bd. 565)*
III: Die jüngeren Metallkulturen. (Das Eisen als Kulturmetall. Hallstatt-Latène-Kultur in Europa. Das erste Auftreten des Eisens in den anderen Erdteilen). 149 S., 60 Abb. 1950 *(Bd. 566)*
**Vorgeschichte Europas** von *F. Behn.* Völlig neue Bearbeitung der 7. Aufl. der „Urgeschichte der Menschheit" von *M. Hoernes.* 125 S., 47 Abb. 1949 *(Bd. 42)*
**Der Eintritt der Germanen in die Geschichte** von *J. Haller.* 3. Aufl., durchges. von *H. Dannenbauer.* 120 S., 6 Ktnskizz. 1957 *(Bd. 1117)*
**Von den Karolingern zu den Staufern** von *J. Haller †.* Die altdeutsche Kaiserzeit (900—1250). 3. Aufl. 141 S., 4 Ktn. 1944 *(Bd. 1065)*
**Deutsche Geschichte im Zeitalter der Reformation, der Gegenreformation und des 30 jährigen Krieges** von *F. Hartung.* 129 S. 1951 *(Bd. 1105)*
**Deutsche Geschichte von 1648 bis 1740** von *W. Treue.* 120 S. 1956 *(Bd. 35)*
**Deutsche Geschichte von 1713 bis 1806** von *W. Treue.* 168 S. 1957 *(Bd. 39)*
**Quellenkunde der deutschen Geschichte im Mittelalter** (bis zur Mitte des 15. Jahrhunderts) von *K. Jacob†.* 3 Bde.
I: Einleitung. Allgemeiner Teil. Die Zeit der Karolinger. 5. Aufl. 118 S. 1949 *(Bd. 279)*
II: Die Kaiserzeit (911—1250). 4. Aufl. 127 S. 1949 *(Bd. 280)*

III: Das Spätmittelalter (vom Interregnum bis 1500). Herausgeg. von *F. Weden.* 152 S. 1952 *(Bd. 284)*
**Geschichte Englands** von *H. Preller.*
I: bis 1815. 3., stark umgearb. Aufl. 135 S., 7 Stammtaf., 2 Ktn. 1952 *(Bd. 375)*
II: von 1815 bis 1910. 2., völlig umgearb. Aufl. 118 S., 1 Stammtaf., 7 Ktn. 1954 *(Bd. 1088)*
**Römische Geschichte** von *F. Altheim.* 4 Bde. 2., verb. Aufl.
I: Bis zur Schlacht bei Pydna (168 v. Chr.). 123 S. 1956 *(Bd. 19)*
II: Bis zur Schlacht bei Actium (31 v. Chr.). 130 S. 1956 *(Bd. 677)*
**Geschichte der Vereinigten Staaten von Amerika** von *O. Graf zu Stolberg-Wernigerode.* 192 S., 10 Ktn. 1956 *(Bd. 1051/1051 a)*

## *Deutsche Sprache und Literatur*

**Geschichte der deutschen Sprache** von *H. Sperber.* 2. Aufl., durchges. von *W. Fleischhauer.* 1957. In Vorb. *(Bd. 915)*
**Deutsches Rechtschreibungswörterbuch** von *M. Gottschald.* 2., verb. Aufl. 269 S. 1953 *(Bd. 200/200a)*
**Deutsche Wortkunde.** Eine kulturgeschichtliche Betrachtung des deutschen Wortschatzes von *A. Schirmer.* 3., durchges. Aufl. 109 S. 1949 *(Bd. 929)*
**Deutsche Sprachlehre** von *W. Hofstaetter.* 9., neubearb. Aufl. von *G. Spree.* 144 S. 1953 *(Bd. 20)*
**Stimmkunde für Beruf, Kunst und Heilzwecke** von *H. Biehle.* 111 S. 1955 *(Bd. 60)*
**Redetechnik.** Einführung in die Rhetorik von *H. Biehle.* 115 S. 1954 *(Bd. 61)*
**Sprechen und Sprachpflege** (Die Kunst des Sprechens) von *H. Feist.* 2., verb. Aufl. 99 S., 25 Abb. 1952 *(Bd. 1122)*
**Deutsches Dichten und Denken von der germanischen bis zur staufischen Zeit** von *H. Naumann.* (Deutsche Literaturgeschichte vom 5.—13. Jahrhundert). 2., verb. Aufl. 166 S. 1952 *(Bd. 1121)*
**Deutsches Dichten und Denken vom Mittelalter zur Neuzeit** von *G. Müller* (1270—1700). 2., durchges. Aufl. 159 S. 1949 *(Bd. 1086)*
**Der Nibelunge Nôt** in Auswahl mit kurzem Wörterbuch von *K. Langosch.* 10., durchges. Aufl. 164 S. 1956 *(Bd. 1)*
**Kudrun- und Dietrichepen** in Auswahl mit Wörterbuch von *O. L. Jiriczek.* 2. Aufl. bearb. von *R. Wisniewski.* 1957. In Vorb. *(Bd. 10)*
**Wolfram von Eschenbach. Parzival.** Eine Auswahl mit Anmerk. und Wörterbuch. Von *H. Jantzen.* 2. Aufl., bearb. von *H. Kolb.* 128 S. 1957 *(Bd. 921)*
**Die deutschen Personennamen** von *M. Gottschald.* 2., verb. Aufl. 151 S. 1955 *(Bd. 422)*
**Althochdeutsches Elementarbuch** von *H. Naumann*† und *W. Betz.* 2. Aufl. 156 S. 1954 *(Bd. 1111)*
**Mittelhochdeutsche Grammatik** von *H. de Boor* und *R. Wisniewski.* 141 S. 1956 *(Bd. 1108)*

## *Indogermanisch, Germanisch*

**Gotisches Elementarbuch.** Grammatik, Texte mit Übersetzung und Erläuterungen von *H. Hempel.* 2., umgearb. Aufl. 165 S. 1953 *(Bd. 79)*
**Indogermanische Sprachwissenschaft** von *H. Krahe.* 3. Aufl. 1957. In Vorb. *(Bd. 59)*
**Germanische Sprachwissenschaft** von *H. Krahe.* 2 Bde. 3., neub. Aufl.
I: Einleitung und Lautlehre. 147 S. 1956. *(Bd. 238)*
II: Formenlehre. 149 S. 1957 *(Bd. 780)*
**Altnordisches Elementarbuch** von *F. Ranke.* Schrifttum, Sprache, Texte mit Übersetzung und Wörterbuch. 2., durchges. Aufl. 146 S. 1949 *(Bd. 1115)*

## *Englisch, Französisch Italienisch*

**Altenglisches Elementarbuch** von *M. Lehnert.* Einführung, Grammatik, Texte mit Übersetzung und Wörterbuch. 3., verb. Aufl. 178 S. 1955 *(Bd. 1125)*
**Historische neuenglische Laut- und Formenlehre** von *E. Ekwall.* 3., durchges. Aufl. 150 S. 1956 *(Bd. 735)*
**Englische Phonetik** von *H. Mutschmann*†. 117 S. 1956. *(Bd. 601)*

**Englische Literaturgeschichte.** 4 Bde.
I: Die alt- und mittelenglische Periode v. *F. Schubel.* 163 S. 1954 *(Bd. 1114)*
II: Von der Renaissance bis zur Aufklärung von *F. Schubel.* 160 S. 1956 *(Bd. 1116)*
III: Romantik und Viktorianismus von *P. Meissner†.* 150 S. 1938 *(Bd. 1124)*
IV: Das 20. Jahrhundert von *P. Meissner†.* 150 S. 1939 *(Bd. 1136)*
**Beowulf** von *M. Lehnert.* Eine Auswahl mit Einführung, teilweiser Übersetzung, Anmerkungen und etymologischem Wörterbuch. 2., verb. Aufl. 135 S. 1949 *(Bd. 1135)*
**Shakespeare** von *P. Meissner†.* 2. Aufl. neubearb. von *M. Lehnert.* 136 S. 1954 *(Bd. 1142)*
**Italienische Literaturgeschichte** von *K. Vossler†.* Unveränd. Nachdr. der 1927 erschien. 4., durchges. und verb. Aufl. 148 S. 1948 *(Bd. 125)*
**Romanische Sprachwissenschaft** von *H. Lausberg.* 2 Bde. 1956.
I: Einleitung und Vokalismus. 160 S. *(Bd. 128/128a)*
II: Konsonantismus. 95 S. *(Bd. 250)*

## *Griechisch, Lateinisch*

**Griechische Sprachwissenschaft** von *W. Brandenstein.* 2 Bde.
I: Einleitung, Lautsystem, Etymologie. 160 S. 1954 *(Bd. 117)*
**Geschichte der griechischen Sprache.** 2 Bde.
I: Bis zum Ausgang der klassischen Zeit von *O. Hoffmann†.* 3. Aufl. bearb. von *A. Debrunner.* 156 S. 1954 *(Bd. 111)*
II: Grundfragen und Grundzüge des nachklass. Griechisch. Von *A. Debrunner.* 144 S. 1954 *(Bd. 114)*
**Geschichte der griechischen Literatur** von *W. Nestle.* 2 Bde. 2., verb. Aufl.
I: Von den Anfängen bis auf Alexander d. Gr. 148 S. 1950 *(Bd. 70)*
II: Von Alexander d. Gr. bis zum Ausgang der Antike. 128 S. 1948 *(Bd. 557)*
**Geschichte der lateinischen Sprache** von *F. Stolz†.* 3., stark umgearb. Auflage von *A. Debrunner.* 136 S. 1953 *(Bd. 492)*

## *Hebräisch, Sanskrit, Russisch*

**Hebräische Grammatik** von *G. Beer†.* 2 Bde. 2., völlig neub. Aufl. von *R. Meyer*
I: Schrift-, Laut- und Formenlehre I. 157 S. 1952 *(Bd. 763/763a)*
II: Formenlehre II. Syntax und Flexionstabellen. 195 S. 1955 *(Bd. 764/764a)*
**Sanskrit-Grammatik** von *M. Mayrhofer.* 89 S. 1953 *(Bd. 1158)*
**Russische Grammatik** von *E. Berneker.* 6., unveränd. Aufl. von *M. Vasmer.* 155 S. 1947 *(Bd. 66)*

## *Erd- und Länderkunde*

**Afrika** von *F. Jaeger.* Ein geograph. Überblick. 2 Bde. 2., umgearb. Aufl.
I: Der Lebensraum. 179 S., 18 Abb. 1954 *(Bd. 910)*
II: Mensch und Kultur. 152 S., 6 Abb. 1954 *(Bd. 911)*
**Iberoamerika** von *O. Quelle.* In Vorb. *(Bd. 856)*
**Australien und Ozeanien** von *H. J. Krug.* 176 S., 46 Skizz. 1953 *(Bd. 319)*
**Kartenkunde** von *M. Eckert-Greifendorff†.* 3., durchges. Aufl. von *W. Kleffner.* 149 S., 63 Abb. 1950 *(Bd. 30)*

## *Volkswirtschaft, Publizistik*

**Allgemeine Betriebswirtschaftslehre** von *K. Mellerowicz.* 3 Bde. 9., unveränd. Aufl.
I: 142 S. 1956 *(Bd. 1008)*
II: 112 S. 1956 *(Bd. 1153)*
III: 143 S. 1956 *(Bd. 1154)*
**Allgemeine Volkswirtschaftslehre** von *A. Paulsen.* 4 Bde.
I: Grundlegung, Wirtschaftskreislauf. 138 S. 1956 *(Bd. 1169)*
II: Haushalte, Unternehmungen, Marktformen. 163 S., 32 Abb. 1956 *(Bd. 1170)*
**Zeitungslehre** von *E. Dovifat.* 2 Bde. 3., neubearb. Aufl.
I: Theoretische und rechtliche Grundlagen — Nachricht und Meinung — Sprache und Form. 148 S. 1955 *(Bd. 1039)*
II: Redaktion — Die Sparten Verlag und Vertrieb, Wirtschaft und Technik, Sicherung der öffentlichen Aufgabe. 158 S. 1955 *(Bd. 1040)*

# Naturwissenschaften

## *Mathematik*

**Geschichte der Mathematik** von *J. E. Hofmann.* 3 Bde.
I: Von den Anfängen bis zum Auftreten von Fermat und Descartes. 200 S. 1953 *(Bd. 226)*
II: Von Fermat und Descartes bis zur Erfindung des Calculus und bis zum Ausbau der neuen Methoden. 1957. In Vorb. *(Bd. 875)*
III: Von den Auseinandersetzungen um Calculus bis zur Französischen Revolution. 1957. In Vorb. *(Bd. 882)*

**Mathematische Formelsammlung** von *F. Ringleb.* Vollst. umgearb. Neuausg. des Werkes von *O. Th. Bürklen.* 6., erw. Aufl. 278 S., 53 Fig. 1956 *(Bd. 51/51 a)*

**Fünfstellige Logarithmen** von *A. Adler.* Mit mehreren graphischen Rechentafeln und häufig vorkommenden Zahlwerten. 2. Aufl. Neudr. 127 S., 1 Taf. 1949 *(Bd. 423)*

**Höhere Algebra** von *H. Hasse.* 2 Bde. 3., verb. Aufl.
I: Lineare Gleichungen. 152 S. 1951 *(Bd. 931)*
II: Gleichungen höheren Grades. 158 S., 5 Fig. 1951 *(Bd. 932)*

**Aufgabensammlung zur höheren Algebra** von *H. Hasse* und *W. Klobe.* 2., verb. und verm. Aufl. 181 S. 1952 *(Bd. 1082)*

**Elementare und klassische Algebra vom modernen Standpunkt** von *W. Krull.* 2 Bde. 2., erw. Aufl.
I: 136 S. 1952 *(Bd. 930)*

**Einführung in die Zahlentheorie** von *A. Scholz*†. Überarb. und herausgeg. von *B. Schoeneberg.* 2. Aufl. 128 S. 1955 *(Bd. 1131)*

**Elemente der Funktionentheorie** von *K. Knopp.* 4. Aufl. 144 S., 23 Fig. 1955 *(Bd. 1109)*

**Funktionentheorie** von *K. Knopp.* 2 Bde.
I: Grundlagen der allgem. Theorie der analytischen Funktionen. 9. Aufl. 141 S., 8 Fig. 1957 *(Bd. 668)*
II: Anwendungen und Weiterführung der allgemeinen Theorie. 8./9. Aufl. 130 S., 7 Fig. 1955 *(Bd. 703)*

**Aufgabensammlung zur Funktionentheorie** von *K. Knopp.* 2 Bde. 4. Aufl.
I: Aufgaben zur elementaren Funktionentheorie. 135 S. 1949 *(Bd. 877)*
II: Aufgaben zur höheren Funktionentheorie. 151 S. 1949 *(Bd. 878)*

**Repetitorium und Aufgabensammlung zur Differentialrechnung** von *A. Witting*†. 3., neub. Aufl. von *E. Ulrich.* 1957. In Vorb. *(Bd. 146)*

**Repetitorium und Aufgabensammlung zur Integralrechnung** von *A. Witting*†. 3., neubearb. Aufl. von *E. Ulrich.* 1957. In Vorb. *(Bd. 147)*

**Gewöhnliche Differentialgleichungen** von *G. Hoheisel.* 5., durchges. Aufl. 129 S. 1956. *(Bd. 920)*

**Partielle Differentialgleichungen** v. *G. Hoheisel.* 3., neub. Aufl. 130 S. 1953 *(Bd. 1003)*

**Aufgabensammlung zu den gewöhnlichen und partiellen Differentialgleichungen** von *G. Hoheisel.* 2., umgearb. Aufl. 124 S. 1952 *(Bd. 1059)*

**Integralgleichungen** von *G. Hoheisel.* 2., durchges. Aufl. 1957. In Vorb. *(Bd. 1099)*

**Mengenlehre** von *E. Kamke.* 3., neub. Auflage. 194 S., 6 Fig. 1955 *(Bd. 999/999 a)*

**Darstellende Geometrie** von *W. Haack.* 3 Bde.
I: Die wichtigsten Darstellungsmethoden. Grund- und Aufriß ebenflächiger Körper. 110 S., 117 Abb. 1954 *(Bd. 142)*
II: Körper mit krummen Begrenzungsflächen. Kotierte Projektionen. 129 S., 86 Abb. 1954. *(Bd. 143)*
III: Axonometrie, Perspektive. Photogrammetrie. 127 S., 100 Abb. 1957 *(Bd. 144)*

**Sammlung von Aufgaben und Beispielen zur analytischen Geometrie der Ebene** von *R. Haussner*†. Mit den vollständigen Lösungen. 139 S., 22 Fig. Neudr. 1949 *(Bd. 256)*

**Nichteuklidische Geometrie.** Hyperbolische Geometrie der Ebene. Von

*R. Baldus*†. 3., verb. Aufl., durchges. und herausgeg. von *F. Löbell*. 140 S., 70 Fig. 1953 *(Bd. 970)*

**Differentialgeometrie** von *K. Strubecker* (früher Rothe). 3 Bde.
I: Kurventheorie der Ebene und des Raumes. 150 S., 18 Fig. 1955 *(Bd. 1113/1113a)*
II: Flächentheorie. 13 Fig. 1957. In Vorb. *(Bd. 1179/1179a)*
III: Theorie der Flächenkrümmung. 37 Fig. 1957. In Vorb. *(Bd. 1180/1180a)*

**Einführung in die konforme Abbildung** von *L. Bieberbach*. 5., erw. Aufl. 180 S., 42 Fig. 1956. *(Bd. 768/768a)*

**Vektoren und Matrizen** von *S. Valentiner*. 8., erw. Aufl. der „Vektoranalysis". 35 Fig. Mit Anh.: Aufgaben zur Vektorrechnung von *H. König*. 1957. In Vorb. *(Bd. 354/354a)*

**Vermessungskunde** von *P. Werkmeister*. 3 Bde.
II: Messung von Horizontalwinkeln. Festlegung von Punkten im Koordinatensystem. Absteckungen. 7. Aufl. 151 S., 93 Fig. 1949 *(Bd. 469)*
III: Trigonometrische und barometrische Höhenmessung. Tachymetrie und Topographie. 6. Aufl. 147 S., 64 Fig. 1949 *(Bd. 862)*

**Versicherungsmathematik** von *F. Böhm*. 2 Bde.
I: Elemente der Versicherungsrechnung. 3., verm. und verb. Aufl. Durchges. Neudr. 151 S. 1954 *(Bd. 180)*
II: Lebensversicherungsmathematik. Einführung in die technischen Grundlagen der Sozialversicherung. 2., verb. Aufl. 205 S. 1953 *(Bd. 917/917a)*

## *Physik*

**Einführung in die theoretische Physik** von *W. Döring*. 5 Bde.
I: Mechanik. 119 S., 29 Abb. 1954 *(Bd. 76)*
II: Das elektromagnetische Feld. 123 S., 15 Abb. 1955 *(Bd. 77)*
III: Optik. 117 S., 32 Abb. 1956 *(Bd. 78)*
IV: Thermodynamik. 107 S., 9 Abb. 1956. *(Bd. 374)*
V: Statische Mechanik. 1957. In Vorb. *(Bd. 1017)*

**Atomphysik** von *K. Bechert* und *Ch. Gerthsen*. 7 Bde. 3., umgearb. Aufl.
I: Allgemeine Grundlagen. 1. Teil. 124 S., 55 Abb. 1955 *(Bd. 1009)*
II: Allgemeine Grundlagen. 2. Teil. 112 S., 48 Abb. 1955 *(Bd. 1033)*
III: Theorie des Atombaus. 1. Teil. 148 S., 16 Abb. 1954 *(Bd. 1123/1123a)*
IV: Theorie des Atombaus. 2. Teil. 170 S., 14 Abb. 1954 *(Bd. 1165/1165a)*

**Differentialgleichungen der Physik** von *F. Sauter*. 2. Aufl. 148 S., 16 Fig. 1950 *(Bd. 1070)*

**Physikalische Formelsammlung** von *G. Mahler*† und *K. Mahler*. 9., durchges. Aufl. 153 S. mit 69 Fig. 1955 *(Bd. 136)*

**Physikalische Aufgabensammlung** von *G. Mahler*† und *K. Mahler*. Mit den Ergebn. 9., durchges. Aufl. 127 S. 1957 *(Bd. 243)*

## *Chemie*

**Geschichte der Chemie** in kurzgefaßter Darstellung von *G. Lockemann*. 2 Bde.
I: Vom Altertum bis zur Entdekkung des Sauerstoffs. 142 S., 8 Bildn. 1950 *(Bd. 264)*
II: Von der Entdeckung des Sauerstoffs bis zur Gegenwart. 151 S., 16 Bildn. 1955 *(Bd. 265/265a)*

**Anorganische Chemie** von *W. Klemm*. 9. Aufl. 184 S., 18 Abb. 1957 *(Bd. 37)*

**Organische Chemie** von *W. Schlenk*. 7., erw. Aufl. 1957. In Vorb. *(Bd. 38/38a)*

**Allgemeine und physikalische Chemie** von *W. Schulze*. 3 Bde. 4., neubearb. Aufl.
I: 139 S., 10 Fig. 1955 *(Bd. 71)*
II: 176 S., 37 Fig. 1956 *(Bd. 698/698a)*
III: 1956. In Vorb. *(Bd. 786)*

**Analytische Chemie** von *J. Hoppe*. 2 Bde. 5., verb. Aufl.
I: Reaktionen. 135 S. 1950 *(Bd. 247)*
II: Gang der qualitativen Analyse. 166 S. 1950 *(Bd. 248)*

**Maßanalyse.** Theorie und Praxis der klassischen und der elektrochemischen Titrierverfahren. Von *G. Jander* und *K. F. Jahr*. 7., erg. Aufl. 303 S., 50 Fig. 1956. *(Bd. 221/221a)*

**Thermochemie** von *W. A. Roth.* 2., verb. Aufl. 109 S., 16 Fig. 1952 *(Bd. 1057)*

**Physikalisch-chemische Rechenaufgaben** von *E. Asmus.* 2. Aufl. 95 S. 1949 *(Bd. 445)*

**Stöchiometrische Aufgabensammlung.** Mit den Ergebn. von *W. Bahrdt†* und *R. Scheer.* 6., durchges. Aufl. 118 S. 1957 *(Bd. 452)*

**Elektrochemie und ihre physikalisch-chemischen Grundlagen** von *A. Dassler.* 2 Bde.
I: 149 S., 21 Abb. 1950 *(Bd. 252)*
II: 178 S., 17 Abb. 1950 *(Bd. 253)*

## *Technologie*

**Warenkunde** von *K. Hassak†* und *E. Beutel†.* 2 Bde. 7. Aufl. Neubearb. von *A. Kutzelnigg*
I: Anorganische Waren sowie Kohle und Erdöl. 116 S., 19 Fig. 1947 *(Bd. 222)*
II: Organische Waren. 143 S., 32 Fig. 1949 *(Bd. 223)*

**Die Fette und Öle** von *K. Braun†.* 5., völlig neubearb. und verb. Aufl. von *Th. Klug.* 145 S. 1950 *(Bd. 335)*

**Die Seifenfabrikation** von *K. Braun†.* 3., neubearb. und verb. Aufl. von *Th. Klug.* 116 S., 18 Abb. 1953 *(Bd. 336)*

**Textilindustrie**
I: Spinnerei und Zwirnerei. Von *A. Blümcke.* 111 S., 43 Abb. 1954 *(Bd. 184)*

## *Biologie*

**Einführung in die allgemeine Biologie** von *M. Hartmann.* 132 S., 2 Abb. 1956. *(Bd. 96)*

**Hormone** von *G. Koller.* 2., neubearb. und erw. Aufl. 187 S., 60 Abb., 19 Tab. 1949 *(Bd. 1141)*

**Fortpflanzung im Tier- und Pflanzenreich** von *J. Hämmerling.* 2., erg. Aufl. 135 S., 101 Abb. 1951 *(Bd. 1138)*

**Geschlecht und Geschlechtsbestimmung im Tier- und Pflanzenreich** von *M. Hartmann.* 2., verb. Aufl. 116 S., 61 Abb., 7 Tab. 1951 *(Bd. 1127)*

**Grundriß der allgemeinen Mikrobiologie** von *W. Schwartz.* 2 Bde.
I: 104 S. 17 Abb. 1949 *(Bd. 1155)*
II: 93 S. 12 Abb. 1949 *(Bd. 1157)*

**Symbiose der Tiere mit pflanzlichen Mikroorganismen** von *P. Buchner.* 2., verb. und verm. Aufl. 130 S. 121 Abb. 1949 *(Bd. 1128)*

## *Botanik*

**Entwicklungsgeschichte des Pflanzenreiches** von *H. Heil.* 2. Aufl. 138 S. 94 Abb. 1 Tab. 1950 *(Bd. 1137)*

**Morphologie der Pflanzen** von *L. Geitler.* 3. Aufl. 126 S. 114 Abb. 1953 *(Bd. 141)*

**Pflanzenzüchtung** von *H. Kuckuck* 2 Bde.
I: Grundzüge der Pflanzenzüchtung. 3., völlig umgearb. Aufl. 132 S. 22 Abb. 1952 *(Bd. 1134)*
II: Spez. gartenbaul. Pflanzenzüchtung. 178 S., 27 Abb. 1957 *(Bd. 1178/1178a)*

**Die Laubhölzer.** Kurzgefaßte Beschreibung der in Mitteleuropa gedeihenden Laubbäume und Sträucher. Von *F. W. Neger†* und *E. Münch†.* 3., durchges. Aufl. herausgeg. von *B. Huber.* 143 S. 63 Fig. 7 Tab. 1950 *(Bd. 718)*

**Die Nadelhölzer (Koniferen) und übrigen Gymnospermen** von *F. W. Neger†* und *E. Münch†.* 4. Aufl. Durchges. und erg. von *B. Huber.* 140 S., 75 Fig., 4 Tab., 3 Ktn. 1952 *(Bd. 355)*

## *Zoologie*

**Entwicklungsphysiologie der Tiere** von *F. Seidel.* 2 Bde.
I: Ei und Furchung. 126 S., 29 Abb. 1953 *(Bd. 1162)*
II: Körpergrundgestalt und Organbildg. 159 S., 42 Abb. 1953 *(Bd. 1163)*

**Das Tierreich.**
Fische von *D. Lüdemann.* 130 S., 65 Abb. 1955 *(Bd. 356)*
Insekten von *H. von Lengerken.* 128 S., 58 Abb. 1953 *(Bd. 594)*
Lurche (Chordatiere) von *K. Herter.* 143 S., 129 Abb. 1955 *(Bd. 847)*
Spinnentiere (Trilobitomorphen, Fühlerlose) und Tausendfüßler. Von *A. Kaestner.* 96 S., 55 Abb. 1955 *(Bd. 1161)*
Würmer. Platt-, Hohl-, Schnurwürmer, Komptozoen, Ringelwürmer, Protracheaten, Bärtierchen,

**Zungenwürmer.** Von *S. Jaeckel.* 114 S., 36 Abb. 1955 *(Bd. 439)*
Weichtiere. Urmollusken, Schnekken, Muscheln, Kopffüßer. Von *S. Jaeckel.* 92 S., 34 Abb. 1954 *(Bd. 440)*
Stachelhäuter. Tentakulaten, Binnenatmer u. Pfeilwürmer. Von *S. Jaeckel.* 100 S., 46 Abb. 1955 *(Bd. 441)*
Schwämme und Hohltiere von *H. J. Hannemann.* 95 S., 80 Abb. 1956 *(Bd. 442)*
Krebse von *H. E. Gruner* und *K. Deckert.* 114 S., 43 Abb. 1956 *(Bd. 443)*
Einzeller, Protozoen von *E. Reichenow.* 115 S., 59 Abb. 1956 *(Bd. 444)*
**Vergleichende Physiologie der Tiere** von *K. Herter.* 2 Bde. 3. Aufl. der „Tierphysiologie".
I: Stoff- und Energiewechsel. 155 S., 64 Abb. 1950 *(Bd. 972)*
II: Bewegung und Reizerscheinungen. 148 S., 110 Abb. 1950 *(Bd. 973)*

### *Land- und Forstwirtschaft*

**Landwirtschaftliche Tierzucht.** Die Züchtung und Haltung der landwirtschaftlichen Nutztiere von *H. Vogel.* 139 S., 11 Abb. 1952 *(Bd. 228)*
**Kulturtechnische Bodenverbesserungen** von *O. Fauser.* 2. Bde. 4., neubearb. Aufl.
I: Allgemeines, Entwässerung. 122 S., 47 Abb. 1947 *(Bd. 691)*
II: Bewässerung, Ödlandkultur, Umlegung. 150 S., 67 Abb. 1949 *(Bd. 692)*
**Agrikulturchemie** von *K. Scharrer.* 2 Bde.
I: Pflanzenernährung. 143 S. 1953 *(Bd. 329)*
II: Futtermittelkunde. 192 S. 1956. *(Bd. 330/330a)*

### *Geologie, Mineralogie Kristallographie*

**Geologie** von *F. Lotze.* 176 S., 80 Abb. 1955 *(Bd. 13)*
**Mineral- und Erzlagerstättenkunde** von *H. Huttenlocher†.* 2 Bde.
I: 128 S., 34 Abb. 1954 *(Bd. 1014)*
II: 156 S., 48 Abb. 1954 *(Bd. 1015/1015a)*
**Allgemeine Mineralogie.** 9., erw. Aufl. der „Mineralogie" von *R. Brauns†* und *K. F. Chudoba.* 104 S., 107 Fig., 1 Taf., 2 Tab. 1955 *(Bd. 29)*
**Spezielle Mineralogie.** 9., erw. Aufl. der „Mineralogie" von *R. Brauns†* und *K. F. Chudoba.* 133 S., 105 Fig. 1955 *(Bd. 31)*
**Petrographie** (Gesteinskunde) von *W. Bruhns†* und *P. Ramdohr.* 4., durchges. Aufl. 104 S., 10 Fig. 1955 *(Bd. 173)*
**Kristallographie** von *W. Bruhns†* und *P. Ramdohr.* 4. Aufl. 106 S., 163 Abb. 1954 *(Bd. 210)*
**Einführung in die Kristalloptik** von *E. Buchwald.* 4, verb. Aufl. 138 S., 121 Fig. 1952 *(Bd. 619)*
**Lötrohrprobierkunde.** Mineraldiagnose mit Lötrohr- und Tüpfelreaktion. Von *M. Henglein.* 3., verb. Aufl. 91 S., 11 Fig. 1949 *(Bd. 483)*

# Technik

**Graphische Darstellung in Wissenschaft und Technik** von *M. Pirani.* 3., verb. Aufl. bearb. von *J. Fischer.* 101 Abb. 1957. In Vorb. *(Bd. 728/728a)*

### *Elektrotechnik*

**Grundlagen der allgemeinen Elektrotechnik** von *O. Mohr.* 3 Bde.
I: Die drei Feldformen. 96 S., 41 Abb., 6 Taf. 1956. *(Bd. 196)*
II: Die wichtigsten elektr. und phys. Grunderscheinungen. 95 S., 36 Abb., 7 Taf. 1956. *(Bd. 197)*
III: Schaltvorgänge, Widerstandsformen, Meßtechnik. 91 S., 59 Abb., 1 Taf. 1956. *(Bd. 198)*
**Die Gleichstrommaschine** von *K. Humburg.* 2 Bde. 2., durchges. Aufl.
I: 102 S., 59 Abb. 1956. *(Bd. 257)*
II: 101 S., 38 Abb. 1956. *(Bd. 881)*
**Die synchrone Maschine** von *K. Humburg.* Neudr. 109 S., 78 Abb. 1951 *(Bd. 1146)*

**Induktionsmaschinen** von *F. Unger.* 2., erw. Aufl. 142 S., 49 Abb. 1954 *(Bd. 1140)*

**Die komplexe Berechnung von Wechselstromschaltungen** von *H. H. Meinke.* 2 Aufl. 1957. In Vorb. *(Bd. 1156/1156a)*

**Theoretische Grundlagen zur Berechnung der Schaltgeräte** von *F. Kesselring.* 3. Aufl. 144 S., 92 Abb. 1950 *(Bd. 711)*

**Einführung in die Technik selbsttätiger Regelungen** von *W. zur Megede.* 174 S., 86 Abb. 1956 *(Bd. 714/714a)*

**Elektromotorische Antriebe** (Grundlagen für die Berechnung) von *A. Schwaiger.* 3., neubearb. Aufl. 96 S., 34 Abb. 1952 *(Bd. 827)*

**Technische Tabellen und Formeln** von *W. Müller.* 4., verb und erw. Aufl. von *E. Schulze.* 152 S., 105 Fig. 1951 *(Bd. 579)*

**Überspannungen und Überspannungsschutz** von *G. Frühauf.* Durchges. Neudr. 122 S., 98 Abb. 1950 *(Bd. 1132)*

## *Maschinenbau*

**Metallkunde** von *H. Borchers.* 2 Bde. 3. Aufl.
I: Aufbau der Metalle und Legierungen. 120 S., 90 Abb., 2 Tab. 1956. *(Bd. 432)*
II: Eigenschaften, Grundzüge der Form und Zustandsgebung. 154 S., 100 Abb., 8 Tab. 1957 *(Bd. 433)*

**Die Werkstoffe des Maschinenbaues** von *H. Thum* und *C. M. von Meysenbug.* 2 Bde.
I: Einführung in die Werkstoffprüfung. 2., neubearb. Aufl. 100 S., 7 Tab., 56 Abb. 1956. *(Bd. 476)*

**Dynamik** von *W. Müller.* 2 Bde. 2., verb. Aufl.
I: Dynamik des Einzelkörpers. 128 S., 48 Fig. 1952 *(Bd. 902)*
II: Systeme von starren Körpern. 102 S., 41 Fig. 1952 *(Bd. 903)*

**Technische Schwingungslehre** von *L. Zipperer.* 2 Bde. 2., neubearb. Aufl.
I: Allgemeine Schwingungsgleichungen, einfache Schwinger. 120 S., 101 Abb. 1953 *(Bd. 953)*
II: Torsionsschwingungen in Maschinenanlagen. 102 S., 59 Abb. 1955 *(Bd. 961/961a)*

**Werkzeugmaschinen für Metallbearbeitung** von *K. P. Matthes.* 4 Bde.
I: 100 S., 27 Abb., 11 Zahlentaf., 1 Tafelanh. 1954 *(Bd. 561)*
II: Fertigungstechnische Grundlagen der neuzeitlichen Metallbearbeitung. 101 S., 30 Abb., 5 Taf. 1955 *(Bd. 562)*

**Transformatoren** von *W. Schäfer.* 3., überarb. u. erg. Aufl. 130 S., 73 Abb. 1957 *(Bd. 952)*

**Das Maschinenzeichnen mit Einführung in das Konstruieren** von *W. Tochtermann.* 2 Bde. 4. Aufl.
I: Das Maschinenzeichnen. 156 S., 77 Taf. 1950 *(Bd. 589)*
II: Ausgeführte Konstruktionsbeispiele. 130 S., 58 Taf. 1950 *(Bd. 590)*

**Die Maschinenelemente** von *E. A. vom Ende.* 3., verb. Aufl., 166 S., 175 Fig., 9 Taf. 1956 *(Bd. 3/3a)*

**Maschinen der Eisenhüttenwerke** von *L. Engel.* 1957. In Vorb. *(Bd. 583/583a)*

**Walzwerke** von *H. Sedlaczek.* 2 Bde.
I: Allgem. Verformungslehre, Grundelemente und Hilfseinrichtungen der Walzwerke. 90 Abb. 1957. In Vorb. *(Bd. 580)*
II: Die Walzwerke in Aufbau und Betrieb. 67 Abb. 1957. In Vorb. *(Bd. 581)*

**Getriebelehre** von *P. Grodzinski.* 2 Bde. 2., neubearb. Aufl.
I: Geometrische Grundlagen. 159 S., 142 Fig. 1953 *(Bd. 1061)*

**Gießereitechnik** von *H. Jungbluth.* 2 Bde.
I: Eisengießerei. 126 S., 44 Abb. 1951 *(Bd. 1159)*

**Die Dampfkessel und Feuerungen einschließlich Hilfseinrichtungen** in Theorie, Konstruktion und Berechnung von *W. Marcard*†. 2 Bde. 2. Aufl. Neubearb. von *K. Beck.*
I: Die theoretischen Grundlagen, Wärme, Verbrennung, Wärmeübertragung. 150 S., 42 Abb., 16 Tab. 1951 *(Bd. 9)*
II: Dampfkessel. 147 S., 43 Abb. 1952 *(Bd. 521)*

**Dampfturbinen,** ihre Wirkungsweise, Berechnung und Konstruktion von *C. Zietemann.* 3 Bde. 3., verb. Aufl.
I: Theorie der Dampfturbinen. 139 S., 48 Abb. 1955 *(Bd. 274)*

II: Die Berechnung der Dampfturbinen und die Konstruktion der Einzelteile. 132 S., 111 Abb. 1956 *(Bd. 715)*
III: Die Regelung der Dampfturbinen, die Bauarten, Turbinen für Sonderzwecke, Kondensationsanlagen. 126 S., 90 Abb. 1956 *(Bd. 716)*

**Technische Thermodynamik** von *W. Nußelt*. 3 Bde.
I: Grundlagen. 4., verb. Aufl. 144 S., 71 Abb. 1956. *(Bd. 1084)*
II: Theorie der Wärmekraftmaschinen. Neudr. 144 S., 87 Abb., 32 Zahlentaf. 1951 *(Bd. 1151)*

**Autogenes Schweißen und Schneiden** von *H. Niese*. 5. Aufl. Neubearb. von *A. Küchler*. 136 S., 71 Fig. 1954 *(Bd. 499)*

**Die elektrischen Schweißverfahren** von *H. Niese*. 2. Aufl. Neubearb. von *H. Dienst*. 136 S., 58 Abb. 1955 *(Bd. 1020)*

**Hebezeuge.** Entwurf von Winden und Kranen von *G. Tafel*. 2., verb. Aufl. 176 S., 230 Fig. 1954 *(Bd. 414/414a)*

## *Wasserbau*

**Wasserkraftanlagen** von *A. Ludin* u. Mitarb. v. *W. Borkenstein*. 2 Bde.
I: Planung, Grundlagen und Grundzüge. 124 S., 60 Abb. 1955 *(Bd. 665)*

**Verkehrswasserbau** von *H. Dehnert*. 3 Bde.
I: Entwurfsgrundlagen, Flußregelungen. 103 S., 52 Abb. 1950 *(Bd. 585)*
II: Flußkanalisierung und Schifffahrtskanäle. 94 S., 60 Abb. 1950 *(Bd. 597)*
III: Schleusen und Hebewerke. 98 S., 70 Abb. 1950 *(Bd. 1152)*

**Wehr- und Stauanlagen** von *H. Dehnert*. 134 S., 90 Abb. 1952 *(Bd. 965)*

**Talsperren** von *F. Tölke*. 122 S., 70 Abb. 1953 *(Bd. 1044)*

## *Hoch- und Tiefbau*

**Die wichtigsten Baustoffe des Hoch- und Tiefbaus** von *O. Graf*. 4., verb. Aufl. 131 S., 63 Abb. 1953 *(Bd. 984)*

**Baustoffverarbeitung und Baustellenprüfung des Betons** von *A. Kleinlogel*. 2., neubearb. und erw. Aufl. 126 S., 35 Abb. 1951 *(Bd. 978)*

**Festigkeitslehre.** 2 Bde.
I: Elastizität, Plastizität und Festigkeit der Baustoffe und Bauteile von *W. Gehler*† und *W. Herberg*. Durchges. und erw. Neudr. 159 S., 118 Abb. 1952 *(Bd. 1144)*
II: Formänderung, Platten, Stabilität und Bruchhypothesen von *W. Herberg* und *N. Dimitrov*. 187 S., 94 Abb. 1955 *(Bd. 1145/1145a)*

**Grundlagen des Stahlbetonbaus** von *A. Troche*. 2., neubearb. und erw. Aufl. 208 S., 75 Abb., 17 Bemessungstaf., 20 Rechenbeisp. 1953 *(Bd. 1078)*

**Statik der Baukonstruktionen** von *A. Teichmann*. 4 Bde.
I: Grundlagen. 100 S., 51 Abb., 8 Formeltaf. 1956 *(Bd. 119)*
II: Statisch bestimmte Stabwerke. 107 S., 52 Abb., 7 Taf. 1957 *(Bd. 120)*

**Fenster, Türen, Tore aus Holz und Metall.** Eine Anleitung zu ihrer guten Gestaltung, wirtschaftlichen Bemessung und handwerksgerechten Konstruktion von *W. Wickop*. 4., überarb. und erg. Aufl. 155 S., 95 Abb. 1955 *(Bd. 1092)*

**Heizung und Lüftung** von *J. Körting*† und *W. Körting*. 2 Bde. 8., neubearb. Aufl.
I: Das Wesen und die Berechnung der Heizungs- und Lüftungsanlagen. 140 S., 29 Abb., 18 Zahlentaf. 1951 *(Bd. 342)*
II: Die Ausführung der Heizungs- und Lüftunganlagen. 152 S., 165 Abb., 7 Zahlentaf. 1954 *(Bd. 343)*

**Industrielle Kraft- und Wärmewirtschaft** von *F. A. F. Schmidt* u. *A. Beckers*. 167 S., 69 Abb. 1957 *(Bd. 318/318a)*

# SAMMLUNG GÖSCHEN / BANDNUMMERNFOLGE

1 Langosch, Der Nibelunge Nôt
3/3a v. Ende, Die Maschinenelemente
9 Marcard-Beck, Dampfkessel I
10 Jiriczek-Wisniewski, Kudrun- und Dietrichepen
13 Lotze, Geologie
19 Altheim, Röm. Geschichte I
20 Hofstaetter-Spree, Dt. Sprachlehre
29 Brauns-Chudoba, Allg. Mineralogie
30 Eckert-Greifendorff-Kleffner, Kartenkunde
31 Brauns-Chudoba, Spez. Mineralogie
35 Treue, Dt. Geschichte von 1648 bis 1740
37 Klemm, Anorganische Chemie
38/38a Schlenk, Organ. Chemie
39 Treue, Dt. Geschichte von 1713 bis 1806
42 Behn, Vorgeschichte Europas
51/51a Ringleb-Bürklen, Mathematische Formelsammlung
59 Krahe, Indogerm. Sprachwiss.
60 Biehle, Stimmkunde
61 Biehle, Redetechnik
66 Berneker-Vasmer, Russische Grammatik
70 Nestle, Griech. Literaturgesch. I
71 Schulze, Allg. u. phys. Chemie I
76 Döring, Einf. i. d. theoret. Physik I
77 Döring, — II
78 Döring, — III
79 Hempel, Gotisches Elementarb.
80 Weigert, Stilkunde I
96 Hartmann, Einf. i. d. allgem. Biologie
101 v. Wiese, Soziologie
103 Dahrendorf, Industrie- und Betriebssoziologie
104/104a Hofstätter, Sozialpsychologie
111 Hoffmann-Debrunner, Gesch. d. griechischen Sprache I
114 Debrunner, — II
117 Brandenstein, Griechische Sprachwissenschaft I
119 Teichmann, Statik der Baukonstruktionen I
120 Teichmann, - II
125 Vossler, Italienische Literaturgeschichte
128/128a Lausberg, Romanische Sprachwissenschaft I
136 Mahler, Physikalische Formelsammlung
141 Geitler, Morphol. der Pflanzen
142 Haack, Darst. Geometrie I
143 Haack, — II
144 Haack, — III
145 Weimer, Gesch. der Pädagogik
146 Witting, Repetitorium und Aufgabensammlung zur Differentialrechnung
147 Witting, Repetitorium und Aufgabensammlung zur Integralrechnung
156/156a Landmann, Philosophische Anthropologie
170 Oehlmann, Musik des 19. Jahrhunderts
171 Oehlmann, Musik des 20. Jahrhunderts I
173 Bruhns-Ramdohr, Petrographie
180 Böhm, Versicherungsmath. I
184 Blümcke, Spinnerei und Zwirnerei
196 Mohr, Grundlagen d. Elektrotechnik I
197 Mohr, — II
198 Mohr, — III
200/200a Gottschald, Dt. Rechtschreibungswörterbuch
210 Bruhns-Ramdohr, Kristallographie
220/220a Moser, Allg. Musiklehre
221/221a Jander-Jahr, Maßanalyse
222 Hassak-Beutel, Warenkunde I
223 Hassak-Beutel, — II
226 Hofmann, Geschichte der Mathematik I
228 Vogel, Landw. Tierzucht
231 Ehrlich, Geschichte Israels
238 Krahe, German. Sprachwiss. I
243 Mahler, Physikal. Aufgabensammlung
247 Hoppe, Analytische Chemie I
248 Hoppe, — II
250 Lausberg, Roman. Sprachwissenschaft II
252 Dassler, Elektrochemie I
253 Dassler, — II

768/768a Bieberbach, Einführung in die konforme Abbildung
780 Krahe, Germ. Sprachwiss. II
781 Weigert, Stilkunde II
786 Schulze, Allgem. und physikalische Chemie III
807 Kropp, Erkenntnistheorie I
809 Moser, Harmonielehre I
826 Koch, Philosophie des Mittelalters
827 Schwaiger, Elektromotorische Antriebe
831 Erismann, Allg. Psychologie
845 Lehmann, Philosophie im ersten Drittel des 20. Jahrhunderts
847 Herter, Lurche
851 Moede, Psychologie des Berufs- und Wirtschaftslebens
856 Quelle, Iberoamerika
857 Capelle, Griech. Philosophie I
858 Capelle, – II
859 Capelle, – III
862 Werkmeister, Vermessungskunde III
863 Capelle, Griech. Philosophie IV
875 Hofmann, Gesch. d. Math. II
877 Knopp, Aufgabensammlung zur Funktionstheorie I
878 Knopp, — II
881 Humburg, Gleichstrommaschine II
882 Hofmann, Gesch. d. Math. III
902 Müller, Dynamik I
903 Müller, – II
910 Jaeger, Afrika I
911 Jaeger, – II
915 Sperber-Fleischhauer, Gesch. der deutschen Sprache
917/917a Böhm, Versicherungsmathematik II
920 Hoheisel, Gewöhnliche Differentialgleichungen
921 Jantzen-Kolb, W. v. Eschenbach. Parzival
929 Schirmer, Dt. Wortkunde
930 Krull, Elementare und klassische Algebra I
931 Hasse, Höhere Algebra I
932 Hasse, – II
952 Schäfer, Transformatoren
953 Zipperer, Techn. Schwingungslehre I
961/961a Zipperer, — II
965 Dehnert, Wehr- und Stauanl.
970 Baldus-Löbell, Nichteuklid. Geometrie
972 Herter, Tierphysiologie I
973 Herter, – II
978 Kleinlogel, Baustoffverarb. u. Baustellenprüf. des Betons
984 Graf, Die wichtigsten Baustoffe des Hoch- u. Tiefbaus
999/999a Kamke, Mengenlehre
1000 Jaspers, Geistige Situation
1003 Hoheisel, Partielle Differentialgleichungen
1008 Mellerowicz, Allgemeine Betriebswirtschaftslehre I
1009 Bechert-Gerthsen, Atomphysik I
1014 Huttenlocher, Mineral- und Erzlagerstättenkunde I
1015/1015a Huttenlocher, – II
1017 Döring, Einf. i. d. theoret. Physik V
1020 Niese-Dienst, Elektr. Schweißverfahren
1031/1031a Apel, Philosophisches Wörterbuch
1033 Bechert-Gerthsen, Atomphysik II
1034 Kranefeldt, Therapeutische Psychologie
1035 Altheim, Röm. Religionsgeschichte I
1039 Dovifat, Zeitungslehre I
1040 Dovifat, – II
1044 Tölke, Talsperren
1045 Schubert, Technik des Klavierspiels
1051/1051a Stolberg-Wernigerode, Gesch. der Verein. Staaten von Amerika
1052 Altheim, Röm. Religionsgeschichte II
1057 Roth, Thermochemie
1059 Hoheisel, Aufgabensammlung zu den gewöhnl. und partiellen Differentialgleichungen
1061 Grodzinski, Getriebelehre I
1065 Haller, Von den Karolingern zu den Staufern
1070 Sauter, Differentialgleichungen der Physik
1078 Troche, Stahlbetonbau
1082 Hasse-Klobe, Aufgabensamml. zur Höheren Algebra
1084 Nußelt, Technische Thermodynamik I
1085 Lietzmann, Zeitrechnung
1086 Müller, Dt. Dichten u. Denken

1088 Preller, Geschichte Englands II
1092 Wickop, Fenster, Türen, Tore
1094 Hernried, System. Modulation
1099 Hoheisel, Integralgleichungen
1105 Hartung, Dt. Geschichte im Zeitalter der Reformation
1108 de Boor-Wisniewski, Mittelhochdeutsche Grammatik
1109 Knopp, Elemente der Funktionentheorie
1111 Naumann-Betz, Althochdeutsches Elementarbuch
1113/1113a Strubecker, Differentialgeometrie I
1114 Schubel, Englische Literaturgeschichte I
1115 Ranke, Altnord. Elementarbuch
1116 Schubel, Englische Literaturgeschichte II
1117 Haller, Eintritt der Germanen in die Geschichte
1121 Naumann, Dt. Dichten und Denken
1122 Feist, Sprechen u. Sprachpflege
1123/1123a Bechert-Gerthsen, Atomphysik III
1124 Meissner, Englische Literaturgeschichte III
1125 Lehnert, Altengl. Elementarbuch
1127 Hartmann, Geschlecht und Geschlechtsbestimmung im Tier- und Pflanzenreich
1128 Buchner, Symbiose der Tiere mit pflanzl. Mikroorganismen
1130 Dibelius, Jesus
1131 Scholz-Schoeneberg, Einführung in die Zahlentheorie
1132 Frühauf, Überspannungen und Überspannungsschutz
1134 Kuckuck, Pflanzenzüchtung I
1135 Lehnert, Beowulf
1136 Meissner, Englische Literaturgeschichte IV
1137 Heil, Entwicklungsgeschichte des Pflanzenreichs
1138 Hämmerling, Fortpflanzung im Tier- und Pflanzenreich
1140 Unger, Induktionsmaschinen
1141 Koller, Hormone
1142 Meissner-Lehnert, Shakespeare
1144 Gehler-Herberg, Festigkeitslehre I
1145/1145a Herberg-Dimitrov, - II
1146 Humburg, Synchrone Maschine
1147 v. Waltershausen, Kunst des Dirigierens
1148 Pepping, Der polyphone Satz I
1151 Nußelt, Technische Thermodynamik II
1152 Dehnert, Verkehrswasserbau III
1153 Mellerowicz, Allgem. Betriebswirtschaftslehre II
1154 Mellerowicz, — III
1155 Schwartz, Mikrobiologie I
1156/1156a Meinke, Komplexe Berechn. der Wechselstromschaltungen
1157 Schwartz, Mikrobiologie II
1158 Mayrhofer, Sanskrit-Grammatik
1159 Jungbluth, Gießereitechnik I
1160 Dibelius-Kümmel, Paulus
1161 Kaestner, Spinnentiere
1162 Seidel, Entwicklungsphysiolog. der Tiere I
1163 Seidel, — II
1164/1164a Pepping, Der polyphone Satz II
1165/1165a Bechert-Gerthsen, Atomphysik IV
1169 Paulsen, Allgemeine Volkswirtschaftslehre I
1170 Paulsen, — II
1178/1178a Kuckuck, Pflanzenzüchtung II
1179/1179a Strubecker, Diff. Geometrie II
1180/1180a Strubecker, — III

# AUTORENREGISTER

FSC
www.fsc.org
MIX
Papier | Fördert
gute Waldnutzung
FSC® C083411

Kolibri 360 GmbH
Ferdinand-Jühlke-Straße 7
99095 Erfurt, Deutschland
produktsicherheit@kolibri360.de